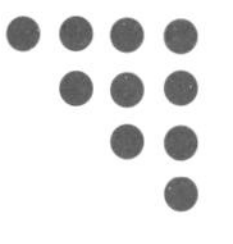

装配式建筑施工

总主编 钟建康

主　编 王燕萍　周　良　张慧坤
副主编 陆红星　范李明　刘　洁

浙江工商大学出版社
ZHEJIANG GONGSHANG UNIVERSITY PRESS
·杭州·

图书在版编目（CIP）数据

装配式建筑施工 / 王燕萍，周良，张慧坤主编 ；陆红星，范李明，刘洁副主编．— 杭州 ：浙江工商大学出版社，2023.11

ISBN 978-7-5178-5729-7

Ⅰ．①装… Ⅱ．①王… ②周… ③张… ④陆… ⑤范… ⑥刘… Ⅲ．①装配式构件－建筑施工－教材 Ⅳ．①TU3

中国国家版本馆CIP数据核字(2023)第179583号

装配式建筑施工

ZHUANGPEISHI JIANZHU SHIGONG

主编 王燕萍 周 良 张慧坤 副主编 陆红星 范李明 刘 洁

责任编辑 厉 勇
责任校对 都青青
封面设计 蔡海东
责任印制 包建辉
出版发行 浙江工商大学出版社
(杭州市教工路198号 邮政编码310012)
(E-mail:zjgsupress@163.com)
(网址:http://www.zjgsupress.com)
电话:0571-88904980,88831806(传真)
排 版 杭州朝曦图文设计有限公司
印 刷 杭州高腾印务有限公司
开 本 787mm×1092mm 1/16
印 张 14.75
字 数 271千
版 印 次 2023年11月第1版 2023年11月第1次印刷
书 号 ISBN 978-7-5178-5729-7
定 价 58.00元

本书编委会

总主编：钟建康

主　编：王燕萍　周　良　张慧坤

副主编：陆红星　范李明　刘　洁

编　委：（排名不分先后）

钱丽萍　秦国林　沈利菁

郭　伟　徐姣琴　夏荣萍

孙一平　陆佳琴　李　芸

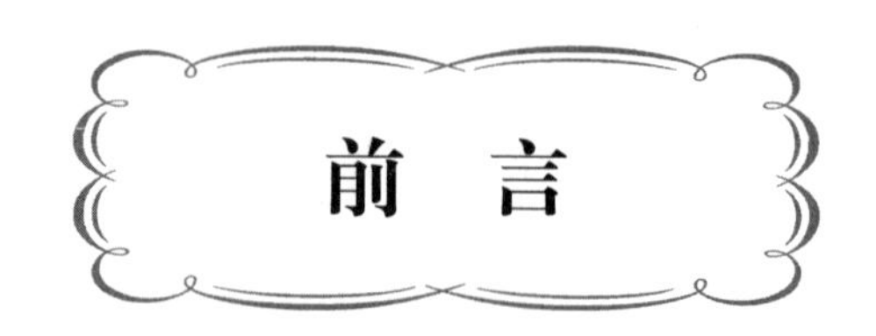

前 言

在国家大力推广装配式建筑之际，建筑业转型升级迎来了重大机遇，国家及各地政府也相继出台了相关鼓励政策，颁布了相应的国家、行业及地方技术标准。我国通过总结和创新符合我国国情的装配式建筑的关键技术体系，引进和消化国外先进技术，不断积累和改进，已基本形成相关结构体系并得到成功应用。目前，我国正处于快速发展并推广装配式建筑的关键时期。随着装配式建筑工程规模的逐渐扩大，从事装配式建筑研发、设计、生产、施工和管理等环节的从业人员，无论是人员数量还是人员素质均已经无法满足装配式建筑的市场需求。

同时，“产业转型、人才先行”。随着建筑业的转型升级，为适应建筑职业教育新形势的需求，编写组深入企业一线，结合企业需求及装配式建筑发展趋势，重新调整了建筑工程施工等专业的人才培养定位，使岗位标准与培养目标、生产过程与教学过程、工作内容与教学项目对接，实现“近距离顶岗、零距离上岗”的培养目标。

本教材根据装配式建筑施工课程的教学特点和要求，结合目前装配式建筑的相关政策和国家现行标准规范，特意邀请了浙江勤业建工集团有限公司、浙江远大勤业住宅产业化有限公司的专家联合编写。教材重点介绍了国内外装配式混凝土建筑的发展历程与现状、装配式混凝土结构建筑施工技术、装配式建筑结构体系与技术、装配式建筑内装、装配式建筑管理、装配式混凝土结构施工质量控制与验收、装配式建筑发展趋势，最后进行了相关的工程案例分析。本教材编写力求内容精炼、图文并茂、重点突出、文字表述通俗易懂，便于相关人员更好地掌握装配式建筑的知识。

本教材由绍兴市柯桥区职业教育中心党委书记钟建康担任总主编，绍兴市柯桥区职业教育中心王燕萍、周良、张慧坤担任主编，浙江勤业建工集团有限公司陆红星，绍兴市柯桥区职业教育中心范李明、刘洁担任副主编，绍兴市柯桥区职业教育中心钱丽萍、秦国林、沈利菁、郭伟、徐姣琴、夏荣萍、孙一平、陆佳琴、李芸等参与编写。

本书在编写过程中参考了国内外同类教材和相关的资料，在此一并向原作者表示感谢！并对为本书付出辛勤劳动的编辑表示衷心的感谢！最后，由于装配式建筑发展迅速，新技术、新产品、新工艺等不断涌现，加之编者水平有限，教材中难免有不足之处，敬请专家、读者批评指正。

编者

2023年7月

目录

项目一　绪　论

项目描述

装配式混凝土建筑在西方发达国家已有半个世纪以上的发展历史，形成了各有特色和比较成熟的产业和技术。装配式建筑在国内虽然起步较早，但早期的预制混凝土结构也仅限于装配式多层框架、装配式大板等结构体系，还没有形成一个完整、配套的工业生产系统，施工技术远不能满足住宅产业化生产的需求。

任务一　国外装配式建筑的发展历程与现状

学习内容

了解国外装配式建筑的发展历程与现状，学习国外装配式混凝土建筑的施工发展与现状等知识。

具体要求

1. 了解国外装配式建筑的发展历程与现状。
2. 了解国外装配式混凝土建筑的施工发展与现状。

一、国外装配式建筑的发展历程与现状

西欧是预制装配式建筑的发源地，早在20世纪50年代，为解决第二次世界大战后住房紧张问题，欧洲许多国家特别是西欧一些国家大力推广装配式建筑，掀起了建筑工业

化高潮。20世纪60年代，住宅工业化扩展到美国、加拿大及日本等国家。目前，西欧5～6层以下的住宅普遍采用装配式建筑，在混凝土结构中占比达35%～40%。

美国装配式住宅盛行于20世纪70年代，如图1-1所示。1976年，美国国会通过了《国家工业化住宅建造及安全法案》，同年出台一系列严格的行业规范标准，一直沿用至今。除注重质量外，美国现在的装配式住宅更加注重美观性、舒适性及个性化。

图1-1　美国装配式建筑

据美国工业化住宅协会统计，2001年，美国装配式住宅已经达到了1000万套，占美国住宅总量的7%。在美国大城市，住宅的结构类型以装配式混凝土结构和装配式钢结构住宅为主；在小城镇，多以轻钢结构、木结构住宅体系为主。

美国住宅用构件和部件的标准化、系列化、专业化、商品化、社会化程度很高，几乎达到100%。用户可通过产品目录买到所需要的产品。这些构件结构性能好，有很大的通用性，也易于机械化生产。

英国政府积极引导装配式建筑的发展。政府明确提出英国建筑生产领域需要通过新产品开发、集约化组织、工业化生产以实现“成本降低10%，时间缩短10%，缺陷率降低20%，事故发生率降低20%，劳动生产率提高10%，最终实现产值利润率提高10%”的具体目标。同时，政府出台一系列鼓励政策和措施，大力推行绿色节能建筑，以对建筑品质、性能的严格要求促进行业向新型建造模式转变。

英国装配式建筑的发展需要政府主管部门与行业协会等紧密合作，完善技术体系和标准体系，促进装配式建筑项目实践。根据装配式建筑行业的专业技能要求，建立专业水平和技能的认定体系，推进全产业链人才队伍的形成。除了关注开发、设计、生产与施工外，还应注重扶持材料供应和物流等全产业链的发展。具体情况，如图1-2所示。

图 1-2 英国装配式建筑

德国的装配式住宅主要采取叠合板、混凝土、剪力墙结构体系，采用构件装配式与混凝土结构，耐久性较好。德国是世界上建筑能耗降低幅度最快的国家，近几年更是提出发展零能耗的被动式建筑。从大幅度的节能到被动式建筑，德国都采取了装配式住宅来实施，装配式住宅与节能标准之间相互充分融合。具体情况，如图 1-3 所示。

图 1-3 德国装配式建筑

法国是世界上推行装配式建筑最早的国家之一。法国装配式建筑的特点是以预制装配式混凝土结构为主，钢结构、木结构为辅。法国的装配式住宅多采用框架或者板柱体系，焊接、螺栓连接等均采用干法作业，结构构件与设备、装修工程分开，减少预埋，生产和施工质量高。法国主要采用的是预应力混凝土装配式框架结构体系，装配率可达

80%。具体情况，如图 1-4 所示。

图1-4　法国装配式建筑

日本于1968年就提出了装配式住宅的概念。1990年推出采用部件化、工业化生产方式、高生产效率、住宅内部结构可变、适应居民多种不同需求的中高层住宅生产体系。在推进规模化和产业化结构调整进程中，住宅产业经历了从标准化、多样化、工业化到集约化、信息化的不断演变和完善过程。

日本每五年都要颁布住宅建设五年计划，每一个五年计划都有明确的促进住宅产业发展和性能品质提高方面的政策和措施。日本政府强有力的干预和支持对住宅产业的发展起到了重要作用：通过立法来确保预制混凝土结构的质量；坚持技术创新，制定了一系列住宅建设工业化的方针、政策，建立统一的模数标准，解决了标准化、大批量生产和住宅多样化之间的矛盾。具体情况，如图 1-5 所示。

图1-5　日本装配式建筑

加拿大建筑装配式与美国发展相似，从20世纪20年代开始探索预制混凝土的开发和应用，到20世纪六七十年代该技术得到大面积普遍应用。目前装配式建筑在居住建筑，学校、医院、办公楼等公共建筑，停车库、单层工业厂房等建筑中得到广泛的应用。在工程实践中，由于大量应用大型预应力预制混凝土构建技术，使装配式建筑更充分地发挥其优越性。具体情况，如图1-6所示。

图1-6 加拿大装配式建筑

新加坡是世界上公认的住宅问题解决得较好的国家。其住宅多采用建筑工业化技术加以建造，其中，住宅政策及装配式住宅发展理念促使其工业化建造方式得到广泛推广。新加坡开发出15～30层单元化的装配式住宅，占全国住宅总量的80%以上。通过平面的布局、部件尺寸和安装节点的重复性来实现标准化，以设计为核心，实现设计和施工过程的工业化，相互之间配套融合，装配率达到70%。具体情况，如图1-7所示。

图1-7 新加坡装配式建筑

丹麦在1960年就制定了工业化的统一标准(丹麦开放系统办法)，规定凡是政府投资的住宅建设项目必须按照此办法进行设计和施工，将建造发展到制造产业化。具体情况，如图1-8所示。

图1-8　丹麦装配式建筑

瑞典采用了大型混凝土预制板的装配式技术体系，装配式建筑部件的标准化已逐步纳入瑞典的工业标准。为推动装配式建筑产品建筑工业化通用体系和专用体系发展，政府鼓励只要使用按照国家标准协会的建筑标准制造的结构部件来建造建筑产品，就能获得政府资金支持。具体情况，如图1-9所示。

图1-9　瑞典装配式建筑

二、国外装配式混凝土建筑施工技术的发展与现状

20世纪中期，欧洲由于受第二次世界大战的影响，建筑受损严重，人们对住宅建筑的需求量非常大。为解决房荒问题，欧洲一些国家采用了工业化方式建造了大量住宅，工业化住宅逐渐发展成熟并延续至今。

预制装配式混凝土施工技术最早起源于英国，Lascell 进行了是否可以在结构承重的骨架上安装预制混凝土墙板的构想，装配式建筑技术开始发展。1875 年英国的首项装配式技术专利，1920年美国的预制砖工法、混凝土“阿利制法”（Earley Process）等，都是早期的预制构件施工技术。这些预制装配式施工技术主要应用于建筑中的非结构构件，比如用人造石代替天然石材或者砖瓦陶瓷材料等。由于装配式建筑技术采用的是工业化的生产模式，受到现代工业社会的青睐。此后，受到第二次世界大战的影响，人力减少，且由于战争破坏急需快速大量修建房屋，这一工业化的生产结构更加受到欢迎，应用在了住宅、办公楼、公共建筑中。20世纪50年代，欧洲一些国家采用了装配式方式建造了大量住宅，形成了一批完整的、标准的、系列化的住宅体系，并在标准设计的基础上生成了大量工法。日本于1955年设立了“日本住宅公团”，以它为主导，开始向社会大规模提供住宅。2000年以后，全日本装配式住宅真正得到大面积的推广和应用，施工技术也逐步得到优化和发展，并延续至今。目前，德国推广装配式产品技术、推行环保节能的绿色装配已有较成熟的技术，建立了非常完善的绿色装配及其产品技术体系，其公共建筑、商业建筑、集合住宅项目大都因地制宜，采取现浇与预制构件混合建造体系，通过策划、设计、施工各个环节的精细化和优化寻求项目的个性化、经济性、功能性和生态环保性能的综合平衡。德国装配式住宅与建筑目前主要采用双皮墙体系、T 梁、双 T 板体系、预应力空心楼板体系、框架结构体系。在混凝土墙体中，双皮墙占比70% 左右，是一种抗震性能非常好的结构体系，在工业建筑和公共建筑中使用的混凝土楼板中，主要采用叠合板和叠合空心板体系。

任务二　国内装配式混凝土建筑的发展历程与现状

学习内容

学习国内装配式建筑发展历程与现状，以及国内装配式混凝土建筑的施工发展与现状等知识。

具体要求

1. 了解国内装配式建筑的发展历程与现状。

2. 了解国内装配式混凝土建筑的施工发展与现状。

一、国内装配式建筑的发展历程与现状

（一）我国装配式建筑的发展历程与体系

我国从20世纪50年代开始发展装配式建筑，在70年代达到装配式建筑发展繁荣时期，而到了80年代中期以后装配式建筑逐渐被大众所淡忘，工程师也只在极少量的高层建筑中采用了叠合梁、板结构。我国在设计标准化、构件生产工厂化、施工机械化等方面做了许多努力，装配式建筑类型也日益增多，并在大型砌块装配式住宅、装配式大板、装配整体式框架结构、框架轻板、工业厂房等装配建筑方面取得了可贵的经验，初步形成了符合我国实际情况的装配式建筑形式。现将我国装配式建筑按发展体系呈现如下：

1.大型砌块装配式住宅

我国最早于1957年在北京进行了装配式大型砌块试验住宅建设，该住宅采用纵墙承重方案。在工厂中生产大型砖砌块，预应力多孔楼板，钢筋混凝土波浪形大瓦及轻质隔墙等预制构件，在现场进行装配，该种建筑住宅在施工中创造了八天盖好一栋四层住宅的速度记录。通过该试验住宅的建设，工程师及施工技术人员深刻体会到工业化施工的优越性：砌块和构件制造不受季节影响，不仅缩短了工期，也保证了工程质量。同时，现场机械运输、吊装，大大减少了工人的劳动量。

建筑外观及墙体连接处理分别如图1-10和图1-11所示。

图1-10　建筑外观（砌块装配式住宅）

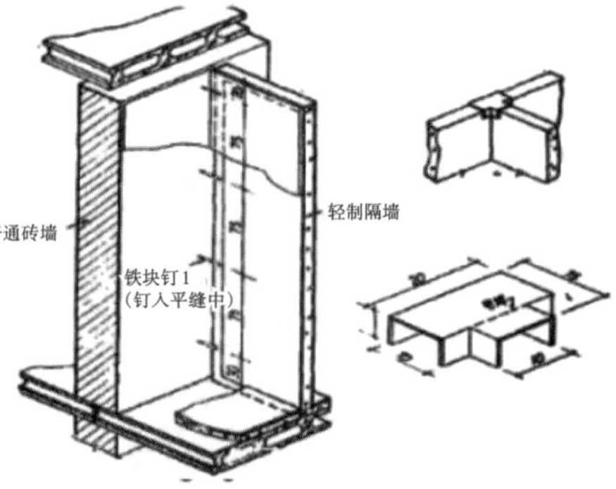

普通砖墙
轻制隔墙
铁块钉1
（钉入平缝中）

图1-11　墙体连接处理

2.装配式大板住宅

装配式大板建筑，也叫装配式壁板建筑。其外墙板、楼板及屋面板均按间分块，节点处理多采用预留钢筋，属于全装配式建筑。这种建筑除基础外，其内外墙板、楼板、楼梯及其他结构组成部分均为预制构件，一般由构件加工厂生产构件，施工现场吊装组接而成。大板建筑是工业化建筑体系中一种重要的类型，早期的墙板采用苏联式的带肋墙

板,后期墙板有空心大板、陶粒混凝土墙板及矿渣墙板等。北京天坛小区,如图1-12所示。西南交通大学峨眉校区大板宿舍楼,如图1-13所示。

图1-12 北京天坛小区(装配式大板住宅)

图1-13 西南交通大学峨眉校区大板宿舍楼

3. **大模板住宅**

装配式建筑是实现建筑工业化的重要手段之一。然而,在实现建筑工业化的过程中,国外还普遍采用工具式模板现浇与预制相结合的体系。这种结构体系的承重部分采用大模板现浇施工方法,而一些非承重构件则仍采取预制的方法。这种预制与现浇相结合的体系的优点是所需生产基地一次投资比全预制装配少、适应性强、节省运输费用,在一定的条件下可以缩短工期,实现大面积流水施工,可以取得较好的经济效果。北京复兴门外南礼士路口住宅就属大模板住宅,如图1-14所示。

(a)　　　　　　　　　　(b)

图1-14　北京复兴门外南礼士路口大模板住宅

4.叠合框架住宅

国内高层建筑首次采用混凝土叠合式装配整体结构，是北京民族饭店（如图1-15所示）和北京民航局办公大楼（如图1-16所示），这些高层建筑的特点是预制抗震墙与承重构件的连接占了一定的比重，因而自有其特殊的节点处理形式，梁柱接头采用暗牛腿式，柱与柱钢筋接头采用熔杯接合，是一种比较可靠的接头技艺。

(a)　　　　　　　　　　(b)

图1-15　北京民族饭店（叠合框架结构）

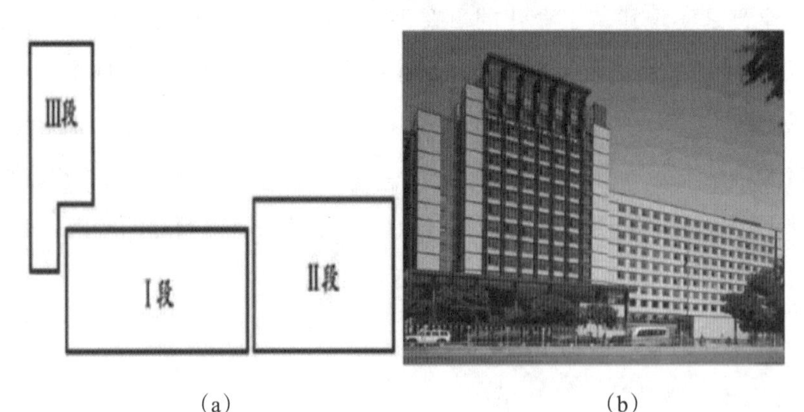

(a)　　　　　　　　　　(b)

图1-16　北京民航局办公大楼（叠合框架结构）

5.装配式框架轻板结构和框架轻板住宅

这是我国20世纪70年代中期开始试建的一种新的建筑体系。它把承重结构与围护结构分开考虑,以框架承重,使墙体摆脱了承重要求,只起保温、隔热、隔声、防雨等围护作用,这就为选用各种轻型墙体材料和利用工业废料创造了有利条件。我国自从20世纪70年代提出研究框架轻板住宅建筑体系以来,在北京、沈阳、天津、苏州、南宁、石家庄、上海、哈尔滨等地陆续试建了框架轻板试验建筑,抗震设防烈度在7度或8度,建筑面积从几百到几千平方米,层数2～14层不等。

(二)我国装配式建筑的现状

1.发展装配式建筑的必要性

随着我国经济的快速持续发展、城市人口的不断增长,人们对住宅的需求量越来越大,传统的建筑修建方式由于其本身速度慢、工期长、成本高等许多缺点,已经不足以满足人们的需求。因此,建筑工业化将成为未来住宅发展的大方向。

由于建造成本过高,传统的建筑方式已经不能满足普通人对住房的需求。建筑工业化的快速发展,将大大降低住宅的建造成本,而且能够较快地提高建筑的修建速度,因此可以让更多国民较快地住上便宜舒适的住宅。一方面,采用住宅产业化方式修建房屋,可以节省大量劳动力和缩短工期;另一方面,采用工业化生产方式,建筑的预制率提高了,可以使施工现场模板的用量及现场脚手架的用量减少,节约了钢材和混凝土的用量,也相应节约了水电、耗能耗材等各方面资源。

2.存在问题

一方面,我国在预制装配整体式结构的研究上取得了一些成果,许多高校和企业为预制装配整体式结构的研究与推广做出了贡献,同济大学、清华大学、东南大学和哈尔滨工业大学等高校均进行了预制装配整体式框架结构的相关构造研究。在万科集团、远大住工集团等企业的大力推动下,预制装配整体式结构也得到了一定的推广应用。

另一方面,目前预制装配整体式结构主要的应用还是一些非结构构件,如预制外挂墙板、预制楼梯及预制阳台等,对于承重构件的应用(如梁、柱等)还是非常少。尽管叠合技术及其构造的研究已经很成熟,但是在民用建筑工程上的应用仍然屈指可数。我国预制装配整体式结构在工业与民用建筑中的应用仍然远远小于现浇结构,其原因有以下几点。

(1)预制装配整体式结构在我国发展存在间断期,使得掌握这项技术的人才也产生了断代;且随着抗震要求的不断提高,预制混凝土结构的设计难度也更大了。

(2)到目前为止,我国只出台了一部相关的国家规范,其设计分析方法并不完善,新的构造措施和施工工艺也不能形成一个系统,不足以支撑预制装配整体式结构在全国范围内广泛应用,大多数工程设计师没有预制装配整体式结构的相关设计方法作指导。

(3)装配式建筑在国内研究应用的较少,也很少有完整的施工图,国内仅有华阳国际等少量的几个设计院能够做装配整体式混凝土框架结构的设计,设计技术人员缺少,使之难以推广。

(4)尽管装配整体式框架结构的整体性能和抗震性能都有很大的提高,但是人们对其的认识还是停留在不如现浇结构上,这给装配式建筑的推广带来了困难。

有统计数据显示,当前我国城市用于住宅建设的土地约占总建设土地的30%,在住宅建设中消耗的水资源占总消耗水资源的32%,住宅建设的钢材消耗量占全国钢材消耗量的20%,水泥消耗量占全国总消耗量的17.6%,1m^{2}房屋的建成,将会释放约0.8 t的CO_2。从以上资料可以看出,目前我国住宅的建设,是以资源的高消耗与碳的高排放为基础的。在当今"节能减碳"的大环境下,降低住宅建设过程中的各种资源消耗,由减少CO_2的排放和对环境的污染,逐渐迈向绿色建筑,是建筑业必须取得的创新和突破。而通过住宅产业化是有可能打破这些现存的资源浪费和高碳排放现状的,将向节能减排的目标更近一步。

综上所述,我国的住宅建设已经到了一个重要的转折点,既要求数量的增加和质量有保证,同时又要求资源的合理利用和保护所需要的资源,实现住宅建设多快好省的全面发展。因此,建筑工业化是目前我国发展的必然之路。

(三)国内装配式混凝土建筑施工技术的发展与现状

我国建筑工业化模式应用始于20世纪50年代,借鉴苏联的经验,在全国建筑生产企业推行标准化、工厂化和机械化,发展预制构件和预制装配建筑。从20世纪60年代初至80年代中期,预制混凝土构件生产经历了研究、快速发展、使用、发展停滞等阶段。20世纪80年代初期,建筑业曾经开发了一系列新工艺,如大板体系、南斯拉夫体系、预制装配式框架体系等,但在进行了相应的实践之后,均未得到大规模推广。到20世纪90年代后期,建筑工业化迈向了一个新的阶段,国家相继出台了诸多重要的法规政策,并通过各种必要的机制和措施,推动了建筑领域生产方式的转变。近年来,在国家政策的引导下,一大批施工工法、质量验收体系陆续在工程中得以实践应用,装配式建筑的施工技术也就越来越成熟了。

2016年2月6日,中共中央、国务院印发了《中共中央、国务院关于进一步加强城市规划建设管理工作的若干意见》。其中指出,力争用10年左右时间,使装配式建筑占新建建筑的比例达到30%。国务院办公厅于2016年9月27日印发了《关于大力发展装配式建筑的指导意见》,要以京津冀 、长三角、珠三角三大城市群为重点推进地区,常住人口超过300万的其他城市为积极推进地区,其余城市为鼓励推进地区,因地制宜发展装配式混凝土结构、钢结构和现代木结构等装配式建筑。

当前,全国各级建设主管部门和相关建设企业,正在全面认真贯彻落实中央城镇化工作会议与中央城市工作会议的各项部署。大力发展装配式建筑是绿色、循环与低碳发展的行业趋势,是提高绿色建筑和节能建筑建造水平的重要手段,不但体现了“创新、协调、绿色、开放、共享”的发展理念,更是大力推进建设领域供给侧结构性改革,培育新兴产业,实现我国新型城镇化建设模式转型的重要途径。我国建筑工业化市场潜力巨大,但是由于工作基础薄弱,当前发展形势仍不容乐观。当前的建筑业正在进行顶层设计、标准规范正在健全、各种技术体系正在完善、业主开发积极性正在提高,新型装配式建筑是建筑业的一场革命,是生产方式的变革,必然会带来生产力和生产关系的变革。

装配式混凝土建筑的建造方式符合国内建筑业的发展趋势,随着建筑工业化和产业化进程的推进, 装配施工工艺越来越成熟,但是装配式混凝土建筑还应进一步提高生产技术、施工工艺、吊装技术、施工集成管理等,形成装配式混凝土建筑的成套技术措施和工艺,为装配式混凝土建筑的发展提供技术支撑。在施工实践中,装配式混凝土建筑的设计技术、构件拆分与模数协调、节点构造与连接处理、吊装与安装、灌浆工艺及质量评定、预制构件标准化及集成化技术、模具及构件生产、BIM技术的应用等,还存在标准、规程的不完善或技术实践空白等问题,在这方面尚需进一步加大产学研的合作力度,促进装配式建筑的发展。

建筑业将逐步以现代化技术和管理替代传统的劳动密集型生产方式,必将走新型工业化道路,也必然带来工程设计、技术标准、施工方法、工程监理、管理验收、管理体制、实施机制、责任主体等的改变。建筑产业现代化将提升建筑工程的质量、性能、安全、效益、节能、环保、低碳等水平,是实现房屋建设过程中建筑设计、部件生产、施工建造、维护管理之间相互协同的有效途径,也是降低当前建筑业劳动力成本、改善作业环境的有效手段。

课后习题

1. 国外装配式建筑特点是什么?

2. 我国装配式建筑按发展体系有哪些?

3. 我国预制装配整体式结构在工业与民用建筑中的应用仍然远远小于现浇结构,其原因是什么?

项目二　装配式混凝土结构建筑施工技术

项目描述

建筑的部分或全部构件在工厂预制完成，然后运输到施工现场，将预制构件通过可靠的连接方式组装而成的建筑，称为装配式建筑。装配式混凝土结构是由预制混凝土构件或部件通过可靠的连接方式装配而成的混凝土结构，包括装配整体式混凝土结构、全装配混凝土结构等。为满足因抗震而提出的“等同现浇”要求，目前常采用装配整体式混凝土结构，即由预制混凝土构件或部件通过可靠的方式进行连接，并与现场后浇混凝土、水泥基灌浆料形成整体的装配式混凝土结构。

任务一　混凝土预制构件的生产制作

学习内容

了解如何按照预制混凝土构件当前的型号、形状和质量等优势去制订相关的工艺流程，其对于预制构件生产整体过程给予质量管理与计划管理。构件生产企业需要设置构件标志的系统，标志系统需要能够对其自身的唯一性要求给予满足。在上一道工序质量检验与设计不相符或者是与有关标准规定无法保持一致的时候，不可以开始下一道工序。

具体要求

1. 掌握预制混凝土构件的标准制作流程。

2. 学会钢筋的加工制作和安装。

3. 学会混凝土浇筑作业。

4. 学会混凝土脱模和存放。

一、预制混凝土构件的标准制作流程

预制混凝土构件的制作生产主要分三个阶段进行，各阶段作业流程如表2-1所示。制作生产过程中各阶段作业流程和各工序施工全过程，均接受业主、监理、设计单位及上级主管部门的检查、监督，并按现行施工质量验收规范要求实施抽检试验工作。

表2-1　各阶段作业流程

第一阶段	第二阶段	第三阶段
1. 钢筋笼绑扎 2. 钢模整理	1. 钢筋笼定位与组立 2. 构件灌浆	1. 构件修补 2. 成品检查 3. 叠板出货
前制作业	生产作业	后制作业

二、钢筋的加工制作和安装

（一）钢筋的加工制作

1. 钢筋进场卸货前，检查出厂合格证、检测报告、钢筋标志牌、钢筋上的标志，钢筋外观质量。所标注的供应商名称、牌号、炉号（批号）、型号、规格、重量等应保持一致。

2. 建立钢筋送检台账（台账内容要反映钢筋规格、型号、等级、批号、批量、使用部位、进场时间、检验时间、检验情况等）。

3. 钢筋加工前必须熟悉图纸，严格按施工图纸要求进行抽料和加工制作。

4. 钢筋加工制成后由专人及时进行验收、整理、按构件和部位分类堆放，并做好挂牌标志。绑扎前必须对钢筋的型号、直径、形状、尺寸和数量进行检查，如有错漏应及时纠正增补。

钢筋的加工制作，如图2-1所示。

图2-1　钢筋的加工制作

(二)钢筋的安装

1.钢筋安装过程是先模具外绑扎,绑扎完成后吊装到模具上。

2.钢筋绑扎需在混凝土平板面上进行,绑扎梁、柱、墙、板等构件的钢筋骨架前,先按设计图纸要求对各规格构件的截面尺寸,钢筋规格、间距,预埋件的位置等进行准确放样和弹出墨线,后进行钢筋绑扎。

3.绑扎钢筋过程中需对钢筋的规格、间距、位置、连接方式和保护层厚度等进行核对,要求准确无误,钢筋分布要求均匀排列。

4.梁板钢筋绑扎时必须严格控制高度,严禁超厚,各构件的钢筋宜使用通长钢筋,加长钢筋需按设计要求进行连接加长。

5.梁钢筋一排筋与二排筋采用分隔筋隔开,分隔筋直径≥主筋直径或25 mm;分隔筋距支座边500 mm设置一道,中间每隔3 m设置一道。

6.各种构件的水平筋或箍筋与每根主筋相交节点位置均需绑扎牢固,不得出现“隔一绑一”的跳绑情况。

7.钢筋绑扎完成经验收合格后用吊具吊进模具内,每个构件的钢筋骨架需设置2个(或4个)平衡吊点,钢筋骨架内的吊点主要是加设钢构件作为吊点的吊具,不准直接用钢筋骨架体用为吊点使用。吊放时确保控制吊点力量的平衡,勿使钢筋笼变形。

8.钢筋吊装需先进行试吊,吊离地面800 mm高度,停顿约20 s确保钢筋架体平衡、平稳和稳固可靠后方可吊装入模。

9. 钢筋架体入模时要有人进行扶正，确保位置正确后方可下吊。

10. 为保证钢筋保护层厚度，需设垫块。不同的梁、板、墙、柱钢筋需按不同的垫块设置，以保证保护层厚度符合设计和规范要求。钢筋垫块主要采用预制成品垫块，为了防止钢筋骨架移位，适当在钢筋骨架上增加钢筋段焊接顶到位模具；梁、柱钢筋按每500 mm布置2个放置在角筋位置；墙、板按纵横800 mm×800 mm间距设置垫块；梁底部每500 mm布置2个放置在角筋位置。

11. 钢筋骨架安装完成后，采用吸尘器将梁底清理干净后沉梁。

12. 钢筋绑扎网和骨架的允许偏差，如表2-2所示。

表2-2 钢筋绑扎网和骨架的允许偏差

项目	允许偏差/mm
网的长、宽	±10
网眼尺寸	±20
骨架的宽与高	±5
骨架的宽与高	±10
骨架的长	±20
箍筋间距	±10
受力钢筋间距	±10

13. 钢筋绑扎完毕，混凝土浇筑前，要做好隐蔽工程验收工作，每道工序验收需报验给建设单位或监理单位驻场代表验收，签字确认后方可进行下一工序施工。

（三）预埋件安装或预留

1. 钢板、套管、套筒等预埋件安装宜等钢筋安装在模具上后再安装预埋件，预埋件安装前需先放好线位，用加设钢筋点焊固定，然后上、下、左、右、前、后用钢筋点焊固定顶在模具上，防止混凝土浇筑时预埋件移位。

2. 埋设铁件位置误差不得超±2 mm，每次要确认检查无误。

3. 放置埋设铁件于型模内时，应尽量避免剪断其附近钢筋，如确实必须剪断才能置入时，应事先提出其剪断部分后加强筋配置。

4. 埋设铁件之焊道应确实检查符合电焊标准，不得有焊道厚度不足（须备量测器角规证实焊道尺寸足够）、下陷、有气孔或留有焊渣之现象。

5. 预埋螺栓（或螺杆孔洞）主要是脱模、搬运、支撑孔及为将来工地垂直吊装之用，应予每片检查其螺丝部分预留之螺纹深度是否足够（依设计图），预制厂监工人员应予每片检查表内确认本项之要求。

叠合板钢筋底板绑扎，如图2-2所示。

图2-2　叠合板钢筋底板绑扎

三、混凝土浇筑作业

（一）混凝土浇筑

1. 钢模块合完毕后，对表面材料、钢筋、铁件各部尺寸做总检查，一切无误，并做记录，方得浇筑。

2. 混凝土浇筑（如图2-3所示）：混凝土浇筑依一般现浇作业之要求，捣筑之震动机频率在8000~12000 rpm之间，浇筑时须随时注意消除气孔，震动棒操作时维持在饰材上5 cm以上，以免因振捣而移动饰材或导致饰材破裂。浇筑时应特别注意预埋铁件、铝窗之外围及边线角隅处均需充分振捣密实，但应防止钢筋、预埋铁件的移动。

3. 混凝土表面粉光：混凝土浇筑后在混凝土表面约略整平后，即施作表面粉刷，工具采铁镘刀和木镘刀并用，表面粉成光平表面或粗糙面，依设计实际需求决定施工形式。

图2-3　混凝土浇筑

(二)混凝土养护

1.构件浇筑完成约9小时后,采用淋水自然养护方式对预制构件进行养护,连续养护时间不少于7天。

2.养护时间以能使脱模强度超过15 MPa为准。

3.异形墙板(如内凹窗台板、转角板)有一些部分的混凝土,因钢模无法提供加热设备时,须搭配覆盖养护。

4.脱模时构件与室外气温差不得超过20℃,并不得对构件施以任何方式之强制冷却。

混凝土养护,如图2-4所示。

图2-4 混凝土养护

四、混凝土脱模及存放

(一)脱模作业

1.各种混凝土构件脱模时间根据构件的使用部位、受力类型、构件的尺寸、构件的跨度、混凝土的强度、气候、温度等技术参数综合确定。对梁、板、墙、柱的侧模拆模宜在18~24小时内进行;对梁、板底模宜在13~16天内进行拆除;对柱、墙底部支撑模宜在13~16天内进行拆除。

2.图纸未特别说明脱模强度时,侧模以15 MPa为脱模强度标准。

3.混凝土脱模之判定应制作混凝土参考方块试体,于脱模前测定混凝土强度是否足够。

4.为防止构件受无谓之外力,应使用适当之工具拆模以免龟裂受损。

5.脱模后应将预埋螺栓之外露部分做防锈处理,或涂敷黄油于螺栓孔内以防生锈。

6.拆模后应立即清理模板面上之渣物，钢模内外整体均随时保持干净，不得有混凝土渣在其上。

7.脱模之构件应依照品管计划检查实施。

（二）构件整理作业

构件于脱模后入库前须依据公司标准构件检验规范进行检查；未能符合规范要求者，须经过修补作业达到入库标准后，才可办理入库储存。混凝土缺陷修补处理方法如下：

1.蜂窝处理

构件脱模后发现混凝土表面有蜂窝产生，若混凝土面蜂窝面积<100 mm^2，则先敲除蜂窝部位，然后以无收缩水泥予以补平；若混凝土面蜂窝面积>100 mm^2，须先提出异常矫正并由设计单位判定后续处理对策。

2.裂缝处理

构件脱模后发现混凝土表面有裂缝产生，若裂缝宽度<1 mm或长度<300 mm时，先清理裂缝内杂质，然后施打裂缝修补剂予以填平；若裂缝宽度>1 mm且长度>300 mm，则须提出异常矫正并由设计单位判定后续处理对策。

3.气泡处理

构件脱模后发现混凝土表面出现气泡直径>5 mm者，须将构件表面湿润后，使用海绵灰刀搭配粉光材，以反复绕圈方式将气泡部位予以粉平。

课后习题

1.简述预制混凝土构件标准制作流程。

2.钢筋进场卸货需要检查哪些资料？

3.混凝土养护要注意什么？

4.混凝土缺陷修补处理方法有哪些？分别该怎么做？

任务二 混凝土预制构件的储放和运输

学习内容

混凝土预制构件储放和运输是预制构件制作过程中的重要环节,造成预制构件断裂、裂缝、翘曲、倾倒等质量和安全问题的一个很重要的原因就是存放不当。所以,对预制构件的存放作业一定要给予高度重视。预制构件的混凝土强度达到设计强度后才能进行运输,需要针对构件的特点规划运输线路。也就是说,厂家生产制造预制构件之后,应直接运输到现场,然后建筑工程应做好一系列保护措施,明确存放场地的要求;并且应找专业安全的运输车辆来运送构件。选择合适的场地及堆放方式来堆放构件,并按照施工具体标准,将垫块放置在底层和层间,提升质量安全性。为了确保质量安全,在施工现场应选择合适的场地以及堆放方式,底层和层间需要设置垫块,并上下对齐平整。选择带有专用架的低平板车进行构件运输,这样可以增强运输过程中的稳定性。

具体要求

1. 掌握叠合楼板存放的方式和要求。
2. 掌握楼梯存放方式及要求。
3. 掌握内外剪力墙板、外挂墙板存放方式及要求。
4. 掌握梁和柱存放方式及要求。
5. 掌握预制构件的运输方式。

一、混凝土预制构件的储放

(一)预制构件存放方式及要求

预制构件一般按品种、规格、型号、检验状态分类存放,不同的预制构件存放的方式和要求也不一样,以下给出常见预制构件存放的方式及要求。

1.叠合楼板存放方式及要求

(1)叠合楼板宜平放,叠放层数不宜超过6层。叠合楼板应按同项目、同规格、同型号分别叠放(如图2-5所示)。叠合楼板不宜混叠,如果确需混叠应进行专项设计,避免造成裂缝等。

(2)叠合楼板存放时间一般不宜超过2个月。当需要长期(超过3个月)存放时,存放期间应定期监测叠合楼板的翘曲变形情况，发现问题及时采取纠正措施。

图2-5　相同规格、型号的叠合楼板叠放实例

（3）存放时应该根据存放场地情况和发货要求进行合理的安排，如果存放时间比较长，就应该将同一规格、型号的叠合楼板存放在一起；如果存放时间比较短，就应该将同一楼层和接近发货时间的叠合楼板按同规格、同型号叠放的方式存放在一起。

（4）叠合楼板存放要保持平稳，底部应放置垫木或混凝土垫块，垫木或垫块应能承受上部所有荷载而不致损坏，垫木或垫块厚度应高于吊环或支点。

（5）叠合楼板叠放时，各层支点在纵横方向上均应在同一垂直线上。

（6）当存放场地地面的平整度无法保证时，最底层叠合楼板下面禁止使用通长木条整垫，避免因中间高两端低导致叠合楼板断裂。

（7）叠合楼板上不得放置重物或施加外部荷载，如果长时间这样做将造成叠合楼板的明显翘曲。

2.楼梯存放方式及要求

（1）楼梯宜平放，叠放层数不宜超过4层，应按同项目、同规格、同型号分别叠放。

（2）应合理设置垫块位置，确保楼梯存放稳定，支点与吊点位置须一致，如图2-6所示。

图2-6 楼梯支点位置

(3)起吊时防止端头磕碰。

(4)楼梯采用侧立存放方式时应做好防护,防止倾倒,存放层高不宜超过2层。

3.内外剪力墙板、外挂墙板存放方式及要求

(1)对侧向刚度差、重心较高、支承面较窄的预制构件,如内外剪力墙板、外挂墙板等预制构件宜采用插放或靠放的存放方式。

(2)插放即采用存放架立式存放,存放架及支撑挡杆应有足够的刚度,应靠稳垫实,如图2-7所示。

图2-7 插放法存放的外墙板

(3)当采用靠放架立放预制构件时,靠放架应具有足够的承载力和刚度,靠放架应放平稳，靠放时必须对称靠放和吊运，预制构件与地面倾斜角度宜大于80°，预制构件上部宜用木块隔开，如图2-8所示。靠放架的高度应为预制构件高度的2/3以上，如图2-9所示。有饰面的墙板采用靠放架立放时饰面需朝外。

（4）预制构件采用立式存放时，薄弱预制构件、预制构件的薄弱部位和门窗洞口应采取防止变形开裂的临时加固措施。

图2-8 用靠放法存放的外墙板

图2-9 靠放法使用的靠放架

4.梁和柱存放方式及要求

（1）梁和柱宜平放，具备叠放条件的，叠放层数不宜超过3层。

（2）宜用枕木（或方木）作为支撑垫木，支撑垫木应置于吊点下方（单层存放）或吊点下方的外侧（多层存放）。

（3）两个枕木（或方木）之间的间距不小于叠放高度的1/2。

（4）各层枕木（或方木）的相对位置应在同一条垂直线上。

（5）叠合梁最合理的存放方式是两点支撑，不建议多点支撑。当不得不采用多点支撑时，应先以两点支撑就位放置稳妥后，再在梁底需要增设支点的位置放置垫块并撑实，或在垫块上用木楔塞紧。

5.其他预制构件存放方式及要求

（1）规则平板式的空调板、阳台板等板式预制构件存放方式及要求，参照叠合楼板存放方式及要求。

（2）不规则的阳台板、挑檐板、曲面板等预制构件应采用单独平放的方式存放。

（3）飘窗应采用支架立式存放或加支撑、拉杆稳固的方式。

（4）梁柱一体三维预制构件存放应当设置防止倾倒的专用支架。

（5）槽形预制构件的存放，如图2-10所示。

（6）大型预制构件、异形预制构件的存放须按照设计方案执行。

（7）预制构件的不合格品及废品应存放在单独区域，并做好明显标志，严禁与合格品混放。

2-10 槽形板存放实例

（二）预制构件存放场地要求

1.存放场地应在门式起重机可以覆盖的范围内。

2.存放场地布置应当方便运输预制构件的大型车辆装车和出入。

3.存放场地应平整、坚实，宜采用硬化地面或草皮砖地面。

4.存放场地应有良好的排水措施。

5.存放预制构件时要留出通道，不宜密集存放。

6.存放场地宜根据工地安装顺序分区存放预制构件。

7.存放库区宜实行分区管理和信息化管理。

（三）插放架、靠放架、垫方、垫块要求

预制构件存放时，根据不同的预制构件类型，采用插放架、靠放架、垫方或垫块来固定和支垫。

1.插放架、靠放架以及一些预制构件存放时，使用的托架应由金属材料制成，插放架、靠放架、托架应进行专门设计，其强度、刚度、稳定性应能满足预制构件存放的要求。

2.插放架、靠放架的高度，应为所存放预制构件高度的2/3以上。

3.插放架的挡杆应坚固、位置可调且有可靠的限位装置；靠放架底部横档上面和上横杆外侧面应加5 mm厚的橡胶皮。

4.枕木（木方）宜选用质地致密的硬木，常用于柱、梁等较重预制构件的支垫，要根据预制构件重量选用适宜规格的枕木（木方）。

5.垫木多用于楼板等平层叠放的板式预制构件及楼梯的支垫，垫木一般采用100 mm×100 mm的木方，长度根据具体情况选用，板类预制构件宜选用长度为300～500 mm的木

方，楼梯宜选用长度为400～600 mm的木方。

6.如果用木板支垫叠合楼板等预制构件，木板的厚度不宜小于20 mm。

7.混凝土垫块可用于楼板、墙板等板式预制构件的平叠存放，混凝土垫块一般为尺寸不小于100 mm的立方体，垫块的混凝土强度不宜低于C40。

8.放置在垫方与垫块上面用于保护预制构件表面的隔垫软垫，应采用白橡胶皮等不会掉色的材料。

（四）预制构件存放的防护

1.预制构件存放时相互之间应有足够的空间，防止吊运、装卸等作业时相互碰撞造成损坏。

2.预制构件外露的金属预埋件应镀锌或涂刷防锈漆，防止锈蚀及污染预制构件。

3.预制构件外露钢筋应采取防弯折、防锈蚀措施，对已套丝的钢筋端部应盖好保护帽以防碰坏螺纹，同时达到防腐、防锈的效果。

4.预制构件外露保温板应采取防止开裂措施。

5.预制构件的钢筋连接套筒、浆锚孔、预埋件孔洞等，应采取防止堵塞的临时封堵措施。

6.预制构件存放支撑的位置和方法，应根据其受力情况确定，但不得超过预制构件承载力而造成预制构件损伤。

7.预制构件存放处2 m内不应进行电焊、气焊、油漆喷涂等作业，以免对预制构件造成污染。

8.预制墙板门框、窗框表面宜采用塑料贴膜或者其他措施进行防护；预制墙板门窗洞口线角宜用槽形木框保护。

9.清水混凝土预制构件、装饰混凝土预制构件和有饰面材料的预制构件，应制订专项防护措施方案，全过程进行防尘、防油、防污染、防破损处理；棱角部分可采用角型塑料条进行保护。

10.清水混凝土预制构件、装饰混凝土预制构件和有饰面材料的预制构件平放时，要对垫木、垫方、枕木（或方木）等与预制构件接触的部分采取隔垫措施。

11.当预制构件与垫木需要线接触或锐角接触时，要在垫木上方放置泡沫等松软材质隔垫。

12.预制构件露骨料粗糙面冲洗完成后送入存放场地前，应对灌浆套筒的灌浆孔和出浆孔进行透光检查，并清理灌浆套筒内的杂物。

13.冬季生产和存放的预制构件的非贯穿孔洞应采取措施防止雨雪水进入，避免发生冻胀损坏。

14.预制构件在驳运、存放过程中起吊和摆放时，需轻起慢放，避免损坏。

二、预制构件的运输

（一）预制构件的运输方式

预制构件的运输宜选用低底盘平板车（13 m长）或低底盘加长平板车（17.5 m长）。预制构件的运输方式有立式运输和水平运输两种。

1.立式运输方式

对于内、外墙板等竖向预制构件多采用立式运输方式。

在低底盘平板车上放置专用运输架，墙板对称靠放（如图2-11所示）或者插放（如图2-12所示）在运输架上。

图2-11 墙板靠放立式运输

图2-12 墙板插放立式运输

2.水平运输方式

水平运输方式是将预制构件单层平放或叠层平放在运输车上进行运输。

叠合楼板、阳台板、楼梯及梁、柱等预制构件通常采用水平运输方式，如图2-13～图2-16所示。

图2-13 叠合楼板水平运输

图2-14 楼梯水平运输

图2-15　阳台水平运输

图2-16　柱水平运输

梁、柱等预制构件叠放层数不宜超过3层，预制楼梯叠放层数不宜超过4层，叠合楼板等板类预制构件叠放层数不宜超过6层。

水平运输方式的优点是装车后重心较低、运输安全性好、一次能运输较多的预制构件；缺点是对运输车底板平整度及装车时支垫位置、支垫方式以及装车后的封车固定等要求较高。

（二）预制构件装卸操作要点

1. 首次装车前应与施工现场预先沟通，确认现场有无预制构件存放场地。如构件从车上直接吊装到作业面，装车时要精心设计和安排，按照现场吊装顺序来装车，先吊装的构件要放在外侧或上层。

2. 预制构件的运输车辆应满足构件尺寸和载重要求，避免超高、超宽、超重。当构件有伸出钢筋时，装车超宽超长复核时应考虑伸出钢筋的长度。

3. 预制构件装车前，应根据运输计划合理安排装车构件的种类、数量和顺序。

4. 进行装卸时应有技术人员等在现场指导作业。

5. 装卸预制构件时，应采取两侧对称装卸等保证车体平衡的措施。

6. 预制构件应严格按照设计吊点进行起吊。

7. 起吊前须检查确认吊索、吊具与预制构件连接可靠，安装牢固。

8. 控制好吊运速度，避免造成预制构件大幅度摆动。

9. 吊运路线下方禁止有工人作业。

10. 装车时最下一层的预制构件下面应垫平、垫实。

11. 装车时如果有叠放的预制构件，每层构件间的垫木或垫块应在同一垂直线上。

12. 异形偏心预制构件在装车时要充分考虑重心位置，防止偏重。

13. 首次运输应安排车辆跟随观察，以便确定和完善装车运输方案。

(三)预制构件运输封车固定要求

1.要有采取防止预制构件移动、倾倒或变形的固定措施,构件与车体或架子要用封车带绑在一起。

2.预制构件有可能移动的空间,要用聚苯乙烯板或其他柔性材料进行隔垫。保证车辆急转弯、紧急制动、上坡、颠簸时构件不移动、不倾倒、不磕碰。

3.宜采用木方作为垫方,木方上应放置白色胶皮,以防滑移及防止预制构件垫方处造成污染或破损。

4.预制构件相互之间要留出间隙,构件之间、构件与车体之间、构件与架子之间要有隔垫,以防在运输过程中构件受到摩擦及磕碰。设置的隔垫要可靠,并有防止隔垫滑落的措施。

5.竖向薄壁预制构件须设置临时防护支架。固定构件或封车绳索接触的构件表面要有柔性且不会造成污染的隔垫。

6.有运输架子时,托架、靠放架、插放架应进行专门设计,要保证架子的强度、刚度和稳定性,并与车体固定牢固。

7.采用靠放架立式运输时,预制构件与车底板面倾斜角度宜大于80°,构件底面应垫实,构件与底部支垫不得形成线接触。构件应对称靠放,每侧不超过2层,构件层间上部需采用木垫块隔离,木垫块应有防滑落措施。

8.采用插放架立式运输时,应采取防止预制构件倾倒的措施,预制构件之间应设置隔离垫块。

9.夹芯保温板采用立式运输时,支承垫方、垫木的位置应设置在内、外叶板的结构受力一侧。如夹芯保温板自重由内叶板承受,均应将存放、运输、吊装过程中的搁置点设于内叶板一侧(承受竖向荷载一侧),反之亦然。

10.对于立式运输的预制构件,由于重心较高,要加强固定措施,可以采取在架子下部增加沙袋等配重措施,确保运输的稳定性。

11.对于超高、超宽、形状特殊的大型预制构件的装车及运输,应制定专门的安全保障措施。

课后习题

1.叠合楼板存放的方式有哪些要求?其中水平运输方式有哪些优点?

2.楼梯存放的方式和要求是什么?

3.外挂墙板存放方式和要求是什么?

4.梁和柱的存放方式和要求是什么?

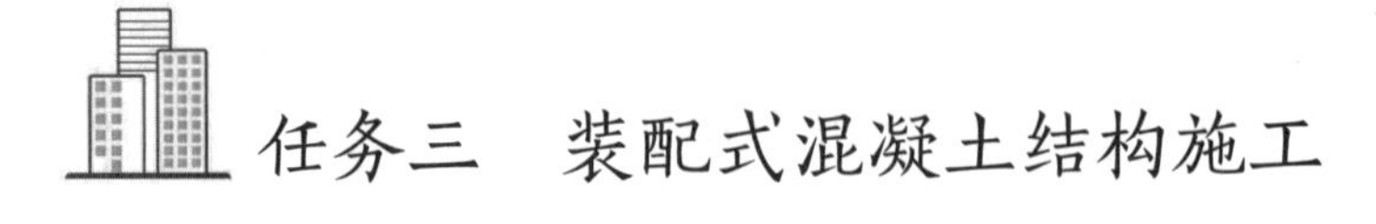

任务三　装配式混凝土结构施工

学习内容

混凝土装配式建筑是一种新型的建筑形式,其特点是施工速度快、质量高、环保节能。在施工过程中,需要严格按照设计图纸进行施工,保证施工质量和尺寸的准确性;在运输、安装和浇筑过程中,要注意保护构件表面,避免划伤和损坏;在混凝土浇筑过程中,要注意振捣和养护,保证混凝土质量;在拆除模板时,要注意安全,避免损坏混凝土构件。只有做好每一个细节,才能保证混凝土装配式施工的安全、高效和优质。

具体要求

1.了解进场预制构件的检验与存放。

2.掌握预制构件运输。

3.掌握预制构件装车与卸货。

4.学会装配式混凝土建筑竖向受力构件的现场施工。

5.学会装配式混凝土建筑水平受力构件的现场施工。

施工现场(如图2-17所示)应根据装配化建造方式布置施工总平面,宜规划主体装配区、构件堆放区、材料堆放区和运输通道。各个区域宜统筹规划布置,满足高效吊装、安装的要求,通道宜满足构件运输车辆平稳、高效、节能的行驶要求。

图2-17 装配式混凝土建筑施工现场

一、进场预制构件的检验与存放

(一)预制构件进场检验

预制构件进场后,施工单位应及时组织对预制构件质量进行检验,未经检验或检验不符合要求的预制构件不得用于工程中。

(二)构件停放场地及存放

施工现场应根据施工平面规划设置运输通道和存放场地,并应符合下列规定。

1. 现场运输道路和存放场地应坚实平整,并应有排水措施。

2. 施工现场内道路应按照构件运输车辆的要求合理设置转弯半径及道路坡度。

3. 预制构件运送到施工现场后,应按规格、品种、使用部位、吊装顺序分别设置存放场地。存放场地应设置在吊装设备的有效起重范围内,且应在堆垛之间设置通道。

4. 构件的存放架应具有足够的抗倾覆性能。

5. 构件运输和存放对已完成结构、基坑有影响时,应经计算复核。

此外,预制构件的堆垛尚宜符合下列要求。

1. 施工现场存放的构件,宜按照安装顺序分类存放,堆垛宜布置在吊车工作范围内且不受其他工序施工作业影响的区域;预制构件存放场地的布置,应保证构件存放有序、安排合理,确保构件起吊方便且占地面积小。

2. 堆垛层数应根据构件与垫木或垫块的承载能力及堆垛的稳定性确定,必要时应设置防止构件倾覆的支架。

3.预埋吊件应朝上,标志宜朝向堆垛间的通道。

4.构件支垫应坚实,垫块在构件下的位置宜与脱模吊装时的起吊位置一致。

5.构件吊装作业时必须明确指挥人员,统一指挥信号。钢构件必须有防滑垫块,上部构件必须绑扎牢固,结构构件必须有防滑支垫。构件运进场地后,应按规定或编号顺序有序地摆放在规定的位置,场内堆放地必须坚实,以防构件下沉和构件变形。堆放构件(如图2-18所示)时要码靠稳妥,垫块摆放位置要上下对齐,受力点要在一条线上。装卸构件时要妥善保护涂装层,必要时要采取软质吊具。随运构件(节点板、零部件等)应设标牌,标明构件的名称和编号。

图2-18　构件的堆放

二、预制构件运输

预制构件的运输,首先应该考虑公路管理部的要求和运输路线的实际状况,以满足运输安全为前提。装载构件后,货车的总宽度不得超过2.5 m,货车高度不得超过4.0 m,总长度不得超过15.5 m。一般情况下,货车总重量不得超过汽车的允许载重,且不得超过401 t。特殊预制构件经过公路管理部门的批准并采取措施后,货车总宽度不得超过3.3 m,货车总高度不得超过4.2 m,总长度不超过24 m,总载重不得超过481 t。

预制构件的运输可采用低平板半挂车或专用运输车,并根据构件的种类不同而采取不同的固定方式,通过专用运输车运输到工地,如图2-19、图2-20所示。

图2-19 墙板“人”字架式运输

图2-20 预制板的运输

三、预制构件装车与卸货

1.运输车辆可采用大吨位卡车或平板拖车。

2.在吊装作业时必须明确指挥人员，统一指挥信号。

3.不同构件应按尺寸分类叠放。

4.构件运进场地后，应按规定或编号顺序有序地摆放在规定的位置，场内堆放地必须坚实，以便防止不沉和使构件变形。

5.装卸构件时要妥善保护，必要时采取软质吊具。

6.堆码构件时要码靠稳妥，垫块摆放位置要上下对齐，受力点要在一条线上，具体情况，如图2-21所示。

图2-21 装配式构件的卸货

四、现场装配准备与吊装及辅助设备

(一)起重吊装设备

在装配式混凝土结构工程施工中,要合理选择吊装设备:根据预制构件存放、安装连接等要求,确定安装使用的机具方案。选择吊装主体结构预制构件的起重机械时,须关注以下事项: 起重量、作业半径(最大半径和最小半径),力矩应满足最大预制构组装作业要求,起重机械的最大起重量不宜低于10 t,塔吊应具有安装和拆卸空间,塔式或履带式起重设备应具有移动式作业空间和拆卸空间,起重机械的提升或下降速度满足预制构件安装和调整要求。

1.汽车起重机

汽车起重机是以汽车为底盘的动臂起重机,主要优点为机动灵活,在装配式建筑工程中,主要是用于低层钢结构吊装、外墙挂板吊装、叠合楼板吊装及楼梯、阳台、雨篷等构件吊装,如图2-22所示。

图2-22　汽车式起重机

2.塔式起重机

塔式起重机,简称塔机塔吊,是通过装设在塔身上的动臂旋转动臂上小车沿动臂行走而实现起吊作业的起重设备,如图2-23所示。塔式起重机具有起重能力强、作业范围大等特点,广泛应用于建筑工程中。建筑工程中,塔式起重机按架设方式分为固定式、附着式、内爬式。其中,附着式塔式起重机是塔身沿竖向每间隔一段距离用锚固装置与近旁建筑物可靠连接的塔式起重机,目前高层建筑施工多采用附着式塔式起重机。对于装配式建筑,采用附着式塔式起重机,必须提前考虑附着锚固点的位置。附着锚固点应选择在剪力墙边缘构件后浇混凝土部位,并考虑加强措施。

图2-23 塔式起重机

3.履带式起重机

履带式起重机是将起重作业部分装在履带底盘上，行走依靠履带装置的流动式起重机，如图2-24所示。履带式起重机具有起重能力强、接地比压小、转弯半径小、爬坡能力大、无须支腿、可带载行驶等优点。在装配式混凝土建筑工程中，履带式起重机主要用于大型预制构件的装卸和吊装，大型塔式起重机的安装与拆卸，以及塔式起重机吊装死角的吊装作业等。

图2-24 履带式起重机

4.施工电梯

施工电梯，又称施工升降机，是建筑中经常使用的载人载货施工机械，它的吊装装在井架外侧，沿齿条式轨道升降，附着在外墙或其他建筑物结构上，由于其独特的箱体结构使其乘坐起来既舒适又安全。施工电梯可载重货物1.0～1.2 t，亦可容纳12～15人，其高度随着建筑物主体施工而接高，可达100 m。它特别适用于高层建筑，也可用于高大建筑、多层厂房和一般楼房施工中的垂直运输。在工地上通常是配合起重机使用的，如图

2-25所示。

图2-25 施工电梯

(二)横吊梁

横吊梁,俗称铁扁担、扁担梁,常用于梁柱、墙板、叠合板等构件的吊装。用横吊梁吊运多品构件时,可以使各吊点垂直受力,防止因起吊受力不均而对构件造成破坏,便于构件的安装、校正。常用的横吊梁有框架式吊梁、单根吊梁。

(三)吊索

吊索(如图2-26所示)是用钢丝绳或合成纤维等原材料做成的用于吊装的绳索,用于连接起重机吊钩和被吊装设备。

吊装作业的吊索选择应经设计计算确定,保证作业时其所受拉力在其允许负荷范围内。如采用多吊索起吊同一构件必须选择同类型吊索。应定期对吊索进行检查和保养,严禁使用质量或规格要求不合格的,以及有损伤的吊索进行起吊作业。

图2-26 吊索

(四)翻板机

翻板机(如图2-27所示)是实现预制构件角度翻转,使其达到设计吊装角度的机械设备,是装配式混凝土建筑安装施工中的辅助设备。

图2-27 翻板机

五、装配式混凝土建筑竖向受力构件的现场施工

(一)墙板安装位置测量画线、铺设坐浆料

1.墙板安装位置测量画线

安装施工前,应在预制构件和已完成的结构上测量放线,设置安装定位标志。对于装配式剪力墙结构测量、安装、定位主要包括以下内容:每层楼面轴线垂直控制点不应少于4个,楼层上的控制轴线应使用经纬仪由底层原始点直接向上引测;每个楼层应设置1个引程控制点;预制构件控制线应由轴线引出,每块预制构件应有纵、横控制线各2条;预制外墙板安装前,应在墙板内侧弹出竖向线与水平线,安装时应与楼层上该墙板控制线相对应。

当采用饰面砖外装饰时,饰面砖竖向、横向砖缝应引测,贯通到外墙内侧来控制相邻板与板之间、层与层之间饰面砖砖缝对直:预制外墙板垂直度测量,4个角留设的测点为预制外墙板转换控制点,用靠尺以此4点在内侧进行垂直度校核和测量;应在预制外墙板顶部设置水平标高点,在上层预制外墙板吊装时应先垫垫块,或在构件上预埋标高控制调节件。建筑物外墙垂直度的测量,宜选用投点法进行观测。在建筑物大角上设置上下两个标志点作为观测点,上部观测点随着楼层的升高逐步提升,用经纬仪观测建筑物的垂直度并做好记录。观测时,应在底部观测点的位置安置水平读数尺等测量设施,在每个观测点安置经纬仪投影时,应按正倒镜法测出每对观测点标志间的水平位移分量,按矢量相加法求得水平位移值和位移方向。

测量过程中应该及时将所有柱、墙、门洞的位置在地面弹好墨线,并准备铺设坐浆料。将安装位洒水洇湿,地面上、墙板下放好垫块,垫块保证墙板底标高的正确,由于坐浆料通常在1小时内初凝，所以吊装必须连续作业，相邻墙板的调整工作必须在坐浆料初凝前进行。

2.铺设坐浆料

坐浆时，坐浆区域需运用等面积法计算出三角形区域面积。同时，坐浆料必须满足以下技术要求。

（1）坐浆料坍落度不宜过高。一般在市场购买40～60 MPa的灌浆料使用小型搅拌机（容积可容纳一包料即可）加适当的水搅拌而成，不宜调制过稀，必须保证坐浆完成后呈中间高、两端低的形状。

（2）在坐浆料采购前，需要与厂家约定浆料内粗集料的最大粒径为4～5 mm，且坐浆料必须具有微膨胀性。

（3）坐浆料的强度等级应比相应的预制墙板混凝土的强度提高一个等级。

（4）防止坐浆料填充到外叶板之间，应补充50 mm×20 mm的苯板堵塞缝隙。

3.剪力墙底部接缝处坐浆强度应该满足设计要求

同时，以每层为一检验批。每工作班应制作1组，且每层不少于3组边长为70.7 mm的立方体试件，标准养护28天后进行抗压强度试验。

（二）墙板吊装、定位校正和临时固定

1.墙板吊装

因为吊装作业需要连续进行，所以吊装前的准备工作非常重要。首先，应将所有柱、墙、门洞的位置在地面弹好墨线，根据后置埋件布置图，采用后钻孔法安装预制构件定位卡具，并进行复核检查；同时，对起重设备进行安全检查，并在空载状态下对吊臂角度、负载能力、吊绳等进行检查，对最困难的部件进行空载实际演练，将倒链、斜撑杆、螺钉、扳手、靠尺、开孔电钻等工具准备齐全，操作人员对操作工具进行清点。具体情况，如图2-28所示。

图2-28 墙板吊装

检查预制构件预留螺栓孔缺陷情况，在吊装前进行修复，保证螺栓孔丝扣完好；提前架好经纬仪、水准仪并调平。填写施工准备情况登记表，施工现场负责人检查核对签字后方可开始吊装。预制墙板吊装，预制构件在吊装过程中应保持稳定，不得偏斜、摇摆和扭转，吊装时一定采用扁担式吊具吊装。

2.墙板定位校正

墙板底部若局部套筒未对准时，可使用倒链将墙板手动微调，对孔。底部没有灌浆套筒的外填充墙板直接顺着角码缓缓放下墙板。垂直坐落在准确的位置后，拉线复核水平是否有偏差。无误差后，利用预制墙板上的预埋螺栓和地面后置膨胀螺栓安装斜支撑杆，复测墙顶标高后，方可松开吊钩，利用斜撑杆调节好墙体的垂直度（注：在调节斜撑杆时必须2名工人同时、同方向分别调节2根斜撑杆）。调节好墙体垂直度后，刮平底部坐浆。安装施工应根据结构特点按合理顺序进行，需考虑到平面运输、结构体系转换、测量校正、精度调整及系统构成等因素，及时形成稳定的空间刚度单元。必要时，应增加临时支撑结构或临时措施。单个混凝土构件的连接施工应一次性完成。预制墙板等竖向构件安装后，应对安装位置、安装标高、垂直度、累计垂直度进行校核与调整；其校核与偏差调整原则可参照以下要求：预制外墙板侧面中线及板面垂直度的校核，应以中线为主进行调整；预制外墙板上下校正时，应以竖缝为主进行调整；墙板接缝应以满足外墙面平整为主，内墙面不平或翘曲时，可在内装饰或内保温层内调整；预制外墙板山墙阳角与相邻板的校正，以阳角为基准进行调整；预制外墙板拼缝平整的校核，应以楼地面水平线为准进行调整。构件安装就位后，可通过临时支撑对构件的位置和垂直度进行微调。具体情况，如图2-29所示。

图2-29　墙板定位校正

3. **墙板临时固定**

安装阶段的结构稳定性对保证施工安全和安装精度来说非常重要。构件在安装就位后，应利用其他相邻构件或采取临时措施进行固定。临时支撑结构或临时措施应能起到承受结构自重、施工荷载、风荷载、吊装产生的冲击荷载等荷载作用，并不至于使结构产生永久变形。装配式混凝土结构工程施工过程中，当预制构件或整个结构自身不能承受施工荷载时，需要通过设置临时支撑来保证施工定位、施工安全及工程质量。临时支撑包括水平构件下方的临时竖向支撑，在水平构件两端支撑构件上设置的临时牛腿，竖向构件的临时支撑等。对于预制墙板，临时斜撑一般安放在其背后，且一般不少于2道；对于宽度比较小的墙板，也可仅设置1道斜撑。当墙板底部没有水平约束时，墙板的每道临时支撑包括上部斜撑和下部支撑，下部支撑可做成水平支撑或斜向支撑。对于预制柱，由于其底部纵向钢筋可以起到水平约束的作用，故一般仅设置上部支撑。柱的斜撑也最少要设置两道，且应设置在两个相邻的侧面上，水平投影相互垂直。临时斜撑与预制构件一般做成铰接，并通过预埋件进行连接。考虑到临时斜撑主要承受的是水平荷载，为充分发挥其作用，对上部的斜撑其支撑点距离板底的距离不宜小于板高的2/3，且不应小于高度的1/2。调整复核墙体的水平位置和标高、垂直度及相邻墙体的平整度后，填写预制构件安装验收表，施工现场负责人及甲方代表(或监理)签字后方可进入下道工序，依次逐块吊装直至本层外墙板全部吊装就位。预制墙板斜支撑和限位装置，应在连接节点和连接接缝部位后浇混凝土或灌浆料强度达到设计要求后拆除；当设计无具体要求时，后浇混凝土或灌浆料应达到设计强度的75%以上方可拆除；预制柱斜支撑应在预制柱与连接节点部位后浇混凝土或灌浆料强度达到设计要求，且上部构件吊装完成后进行拆除。拆除的模板和支撑应分散堆放并及时清运，应采取措施避免施工集中堆载。

六、装配式混凝土建筑水平受力构件的现场施工

(一)预应力带肋混凝土叠合楼板(PK板)的安装施工

1.设置PK板板底支撑

在叠合板板底设置临时可调节支撑杆。支撑杆应具有足够的承载能力、刚度和稳定性,能可靠地承受混凝土构件的自重和施工过程中所产生的荷载及风荷载等。当PK叠合板板端遇梁时,梁端支撑设置;当PK叠合板板端遇剪力墙时,在带肋叠合板(如图2-30所示)板端处设置一根横向木方,木方顶面与板底标高相平;木方下方沿横向每隔1 m间距设置一根竖向墙边支撑。当板下支撑间距大于3.3 m,或支撑间距不大于3.3 m且板面施工荷载较大时,板底跨中需设置竖向支撑。

图2-30 带肋叠合板

2.PK板吊装

PK板吊装采用专用夹钳式吊具吊装。吊装过程中,应使板面基本保持水平,起吊、平移及落板时应保持速度平缓。吊装应停稳、慢放,按顺序连续进行,将PK板坐落在木方(或方通)顶面,及时检查板底就位和搁置长度是否符合要求。当PK板叠合层混凝土与板端梁、墙、柱一起现浇时,PK板板端在梁、墙、柱上的搁置长度不应小于10 mm;当叠合板搁置在预制梁或墙上时,板端搁置长度不应小于80 mm。铺板前应先在预制梁或墙上用水泥砂浆找平, 铺板时再用10～20 mm厚水泥砂浆坐浆找平。PK板安装后,应对安装位置、安装标高进行校核与调整;并对相邻预制构件平整度、高低差、拼缝尺寸进行校核与调整。

3. 设置PK板预留孔洞

在PK板上开孔时，灯线孔采用凿孔工艺，洞口直径不大于60 mm，且开洞应避开板肋及预应力钢筋，严禁凿断预应力钢丝。如果需要在板肋上凿孔或需凿孔直径大于60 mm时，应与生产厂家协商在生产时预留孔洞或增设孔洞周边加强筋。

4. PK板钢筋布置原则

肋上每个预留孔中穿一根穿孔钢筋，此时穿孔钢筋间距为200 mm；当穿孔钢筋需加密时，可在每个孔内穿两根钢筋，在布置穿孔钢筋时应保证穿孔钢筋锚入两端支座的长度不小于40 mm，且至少到支座中心；PK叠合板负弯矩筋和分布钢筋的布置原则是顺肋方向钢筋配置在下面，垂肋方向钢筋配置在上面。

5. 预埋管线布置原则

预埋管线可布置在预应力预制PK板板肋间，并且可以从肋上预留孔中穿过，不能从板肋上跨过；当预留管线孔与板肋有冲突时，板肋损坏不能超过400 mm。

6. 浇筑叠合层混凝土

叠合层混凝土的浇筑必须满足《混凝土结构工程施工质量验收规范》(GB 50204—2015)中的相关规定；浇筑混凝土过程应该按规定见证取样留置混凝土试件。浇筑混凝土前，用塑料管和胶带缠住灌浆套筒预留钢筋，防止预留钢筋黏上混凝土，影响后续灌浆连接的强度和黏结性；同时，必须将板表面清扫干净并浇水充分湿润，但板面不能有积水。叠合板混凝土浇筑时，为了保证叠合板及支撑受力均匀，混凝土浇筑采取从中间向两边进行，连续施工，一次性完成。同时，使用平板振动器振捣，确保混凝土振捣密实。根据楼板标高控制线控制板厚；浇筑时，采用2 m刮杠将混凝土刮平，随即进行混凝土收面及收面后的拉毛处理；浇筑完成后，按相关施工规范规定对混凝土进行养护。

(二)预制混凝土叠合梁、阳台、空调板、太阳能板的安装施工

1. 叠合梁安装施工

装配式结构梁基本以叠合梁形式出现。装配式混凝土叠合梁的安装施工工艺，与叠合楼板工艺类似。现场施工时，应将相邻的叠合梁与叠合楼板协同安装，两者的叠合层混凝土同时浇筑，以保证建筑的整体性能。安装顺序宜遵循先主梁后次梁、先低后高的原则。安装前，应测量并修正临时支撑标高，确保与梁底标高一致，并在柱上弹出梁边控制线；安装后根据控制线进行精密调整。安装时，梁伸入支座的长度与搁置长度应符合设计要求。装配式混凝土建筑梁、柱节点处作业面狭小，且钢筋交错密集，施工难度极大。因此，在拆分设计时即考虑好各种钢筋的关系，直接设计出必要的弯折。此外，吊装

方案要按拆分设计考虑吊装顺序，吊装时则必须严格按吊装方案控制先后。安装前，应复核柱钢筋与梁钢筋位置、尺寸，对梁钢筋与柱钢筋位置有冲突的，应按经设计单位确认的技术方案调整。具体情况，如图2-31所示。

图2-31 叠合梁的吊装

2.预制混凝土阳台、空调板、太阳能板的安装施工

装配式混凝土建筑的阳台一般设计成封闭式的，其楼板采用钢筋桁架叠合板；部分项目采用全预制悬挑式阳台。空调板、太阳能板以全预制悬挑式构件为主。全预制悬挑式构件是通过将甩出的钢筋伸入相邻楼板叠合层足够锚固长度，通过相邻楼板叠合及控制要点层后浇混凝土与主体结构实现可靠连接。预制混凝土阳台、空调板、太阳能板的现场施工工艺：定位放线→安装底部支撑并调整→安装构件→绑扎叠合层钢筋→浇筑叠合层混凝土→拆除模板。其安装施工均应符合下列规定。

(1)预制阳台板吊装宜选用专用型框架吊装梁，预制空调板吊装可采用吊索直接吊装。

(2)吊装前应进行试吊装，且检查吊具预埋件是否牢固。

(3)施工管理及操作人员应熟悉施工图纸，应按照吊装流程核对构件编号，确认安装位置并标注吊装顺序。

(4)吊装时注意保护成品，以免墙体边角被撞。

(5)阳台板施工荷载不得超过1.5 kN/m^2。施工荷载宜均匀布置。

(6)悬臂式全预制阳台板、空调板、太阳能板甩出的钢筋都是负弯矩筋，先应注意钢筋绑扎位置的准确；同时在后浇混凝土过程中，要严格避免踩踏钢筋而造成钢筋向下位移。

(7)预制构件的板底支撑，必须在后浇混凝土强度达到100%后拆除。板底支撑拆除应保证该构件能承受上层阳台通过支撑传递下来的荷载。

(三)预制混凝土楼梯的安装施工

1.预制楼梯的入场检验

根据《混凝土结构工程施工质量验收规范》(GB 50204—2015)第9.2.2条的规定,梁板类简支预制构件进场时应进行结构性能检验。检验数量:每批进场不超过1000个同类型预制构件为一批,在每批中应随机取样1个构件进行检验。因此,楼梯进场应核查和收存能够覆盖项目需要的通过合规的第三方检验机构检验的结构性能检验报告。

2.预制楼梯的安装

检查核对构件编号,确定安装位置,弹出楼梯安装控制线,对控制线及标高进行复核。楼梯侧面距结构墙体预留30 mm空隙,为后续初装的抹灰层预留空间;梯井之间根据楼梯栏杆安装要求预留40 mm空隙。在楼梯段上下口梯梁处铺20 mm厚C25细石混凝土找平灰饼,找平层灰饼标高要控制准确。预制楼梯采用水平吊装,用螺栓将通用吊耳与楼梯板预埋吊装内螺母连接,起吊前检查卸扣卡环,确认牢固后方可继续缓慢起吊。调整索具铁链长度,使楼梯段休息平台处于水平位置。试吊预制楼梯板,检查吊点位置是否准确,吊索受力是否均匀等;试起吊高度不应超过1 m。楼梯吊至梁上方30～50 cm后,调整楼梯位置板边线基本与控制线吻合。就位时要求缓慢操作,严禁快速猛放,以免造成楼梯板被震折损坏。楼梯板基本就位后,根据控制线利用撬棍微调、校正,先保证楼梯两侧准确就位,再使用水平尺和倒链调节楼梯水平。具体情况,如图2-32所示。

图2-32　预制楼梯吊装

3.预制楼梯的固定

预制楼梯的固定，有预制楼梯固定铰端做法（如图2-33所示）和预制楼梯活动铰端做法（如图2-34所示）。

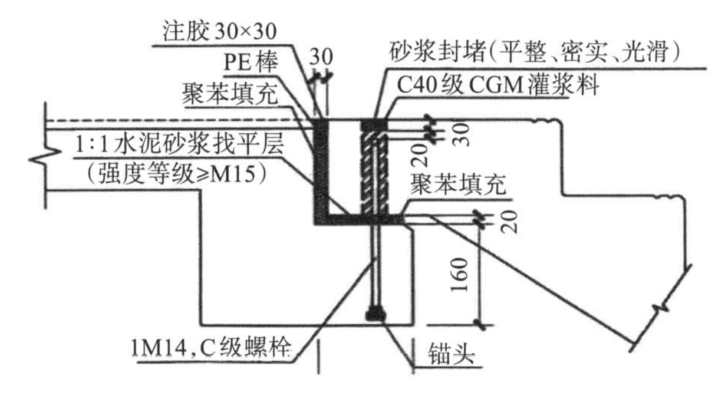

图2-33 预制楼梯固定铰端做法

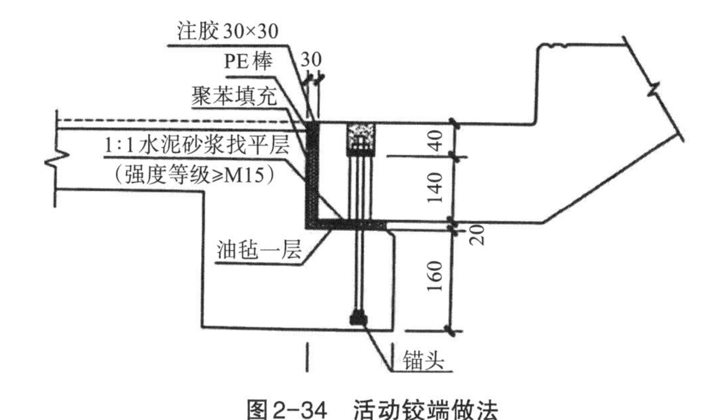

图2-34 活动铰端做法

课后习题

1.预制混凝土构件种类主要有哪些？

2.装配式混凝土施工的吊装及辅助设备有哪些？

3.墙板吊装、定位校正和临时固定如何操作？

4.PK板钢筋布置原则是什么？

5.预制楼梯如何进行安装？

任务四 装配式建筑防水施工

学习内容

建筑物的防水工程是建筑施工中非常重要的环节，防水效果的好坏直接影响建筑物的使用功能是否完善。相比于传统建筑，装配式建筑的防水理念发生了变化，形成了“导水优于堵水，排水优于防水”的设计理念。通过设立合理的排水路径，将可能突破外侧防水层的水流引导进入排水通道，将水排出室外。

装配式建筑屋面部分和地下结构部分多采用的是现浇混凝土结构，在防水施工中的具体操作方法可参照现浇混凝土建筑的防水方法。装配式混凝土建筑的防水重点是预制构件间的防水处理，主要包括外挂板的防水和剪力墙结构建筑外立面的防水。

具体要求

1. 掌握外挂板防水的构造。
2. 掌握剪力墙结构建筑外立面防水。
3. 了解防水材料的种类和特性。

一、外挂板防水施工

采用外挂板时，可以分为封闭式防水（如图2-35、图2-36所示）和开放式防水（如图2-37、图2-38所示）。

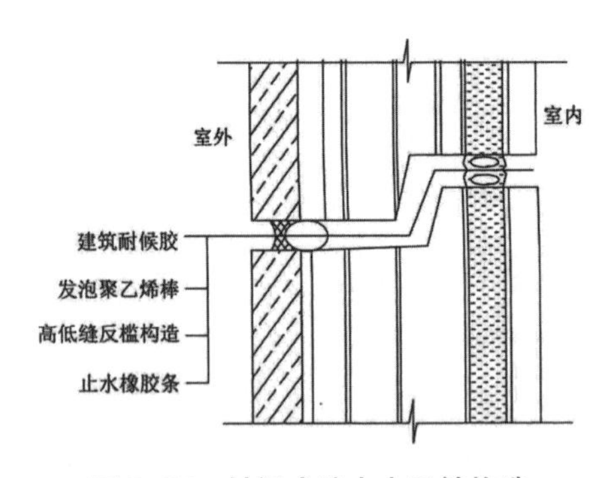

图2-35 封闭式防水水平缝构造

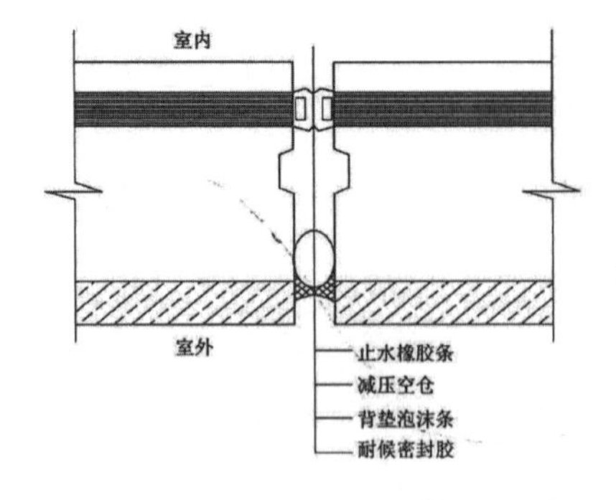

图2-36 封闭式防水竖直缝构造

封闭式防水最外侧为耐候密封胶，中间部分为减压空仓和高低缝构造，内侧为互相压紧的止水橡胶条。在墙面之间的“十”字接头处的止水橡胶条之外宜增加一道聚氨酯防水，其主要作用是利用聚氨酯良好的弹性封堵止水橡胶条相互错动可能产生的细微缝隙。对于防水要求特别高的房间或建筑，可以在止水橡胶条内侧全面实施聚氨酯防水，以增强防水的可靠性。每隔3层左右的距离设一处排水管，可有效地将渗入减压空间的水引导到室外。

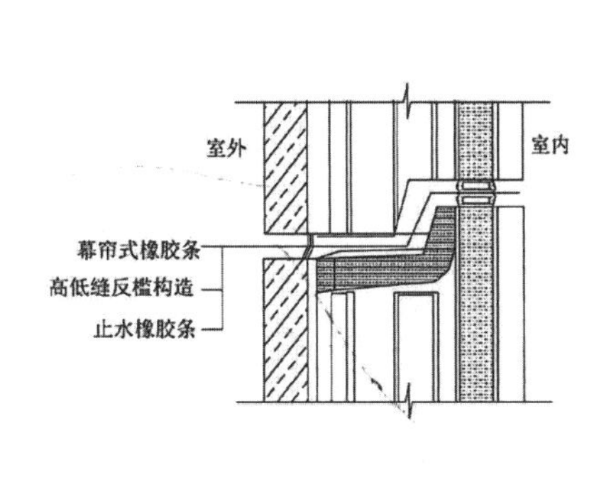

图2-37 开放式防水水平缝构造

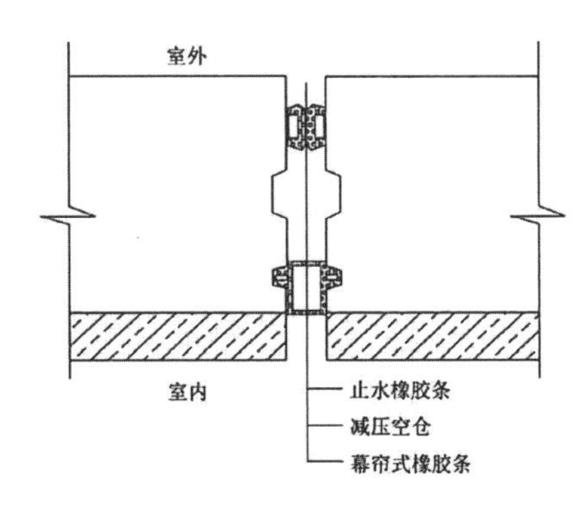

图2-38 开放式防水竖直缝构造

开放式防水的内侧和中间结构与封闭式防水基本相同，只是最外侧防水不使用密封胶，而是采用一端预埋在墙板内，另一端伸出墙板外的幕帘式橡胶条，止水橡胶条互相搭接起到防水作用。同时，防水构造外侧间隔一定距离设有不锈钢导气槽，同时起到平衡内外气压和排水的作用。

外挂板现场进行吊装前，应检查止水条的牢固性和完整性，吊装过程中应保护防水空腔、止水橡胶条、幕帘式橡胶条与水平接缝等部位。防水常封胶封堵前，应将板缝及空腔清理干净并保持干燥。密封胶应在外墙板校核固定后嵌填，注胶宽度和厚度应满足设计要求，密封胶应均匀顺直、饱满密实、表面平滑连续。“十”字接缝处密封胶封堵时应连续完成。

二、剪力墙结构建筑外立面防水

采用装配式剪力墙结构时，外立面防水主要由胶缝防水、空腔构造、后浇混凝土三部分组成。

剪力墙结构后浇带应加强振捣，确保后浇混凝土的密实性。弹性密封防水材料、填充材料及密封胶使用前，均应确保界面和板缝清洁干燥，避免胶缝开裂。密封材料嵌填应饱满密实、均匀顺直、表面光滑连续。具体情况，如图2-39、图2-40所示。

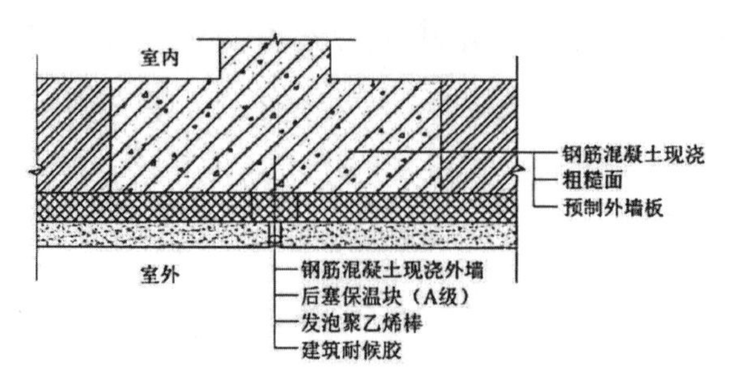

图2-39　竖直缝防水构造

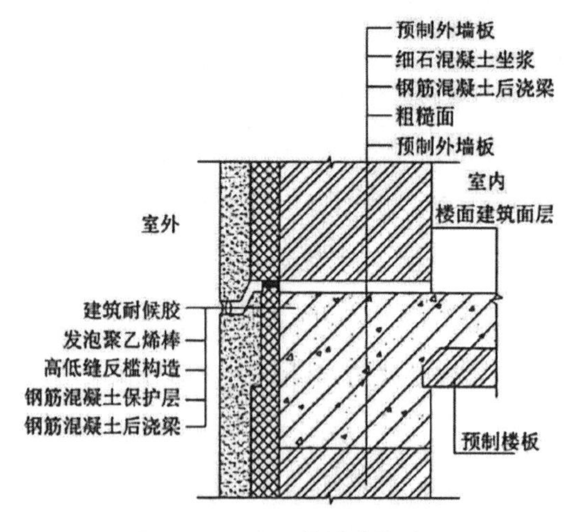

图2-40　水平缝防水构造

三、防水材料

防水密封材料是保证装配式混凝土建筑外墙防水工程质量的物质基础之一，其性能优劣关乎工程质量及装配式混凝土建筑的推广和普及。根据PC板的应用部位特点，选用密封胶时应关注的性能包括：

1. 抗位移性和蠕变性。预制板接缝部位在应用过程中，受环境变化会出现热胀冷缩现象，使得接缝尺寸发生循环变化，密封胶必须具备良好的抗位移能力及蠕变性能保证黏结面不易发生破坏。

2. 耐候性和耐久性。密封胶材料使用时间长且处于外露条件，采用的密封胶必须具有良好的耐候性和耐久性。

3. 黏结性。PC板主要结构组成为水泥混凝土，为保证密封效果，采用的密封胶必须与水泥混凝土基材良好黏结。

4. 防污性及涂装性能。密封胶作为外露密封使用，为整体美观需要还应具备防污性和可涂装性能。

5.环保性。密封胶在生产和使用过程中应对人体和环境友好,部分满足以上要求的密封胶品种包括硅酮建筑密封胶(SR胶)、聚氨酯建筑密封胶(PU胶)及改性硅酮密封胶(MS胶)。

改性硅酮密封胶位移能力为超过20%,断裂伸长率达500%,无须底涂,对混凝土、石材和金属等基材黏结性好,绿色环保。通常,非暴露部位可使用低模量聚氨酯密封胶,而暴露使用的部位宜使用低模量MS胶,硅酮密封胶虽然耐候性优良,但易污染墙面,无法涂装,加上后期修补困难,因此,使用较少。

建筑防水中的防水材料还包括专用防水剂、防水涂料等新型防水材料,经过实验验证和评估后,可在装配式建筑中推广使用。

课后习题

1.简述封闭式防水的构造。

2.简述开放式防水的构造。

3.简述剪力墙结构建筑外立面防水构造。

4.选用密封胶时应关注的性能包括哪些?

任务五 现场现浇部位施工

学习内容

提高装配式建筑施工效率和质量是现场施工的重点和难点。除了本项目前面讲述了现场堆放、安装、连接、防水等措施外,还有现场现浇部位施工中的钢筋绑扎、支撑搭设、模板施工、混凝土浇筑及养护等工艺。通过精细化施工、监管、验收来实现高效率高质量的装配式建筑成品。

具体要求

1.学会预制柱现场钢筋施工。

2.学会预制梁现场钢筋施工。

3.学会预制墙板现场钢筋施工。

4.学会叠合板(阳台)现场钢筋施工。

一、现场现浇部位钢筋施工

装配式结构现场钢筋施工主要集中在预制梁柱节点、墙墙连接节点、墙板现浇节点部位以及楼板、阳台叠合层部位。

(一)预制柱现场钢筋施工

预制梁节点处的钢筋定位及绑扎,对后期预制梁、柱的吊装定位至关重要。预制柱的钢筋应严格根据深化图纸中的预留长度及定位装置尺寸来下料。预制柱的箍筋及纵筋绑扎时,应先根据测量放线的尺寸进行初步定位;再通过定位钢板进行精细定位。精细定位后应通过卷尺复测纵筋之间的间距,以及每根纵筋的预留长度,确保测量精度在规范要求的误差范围内;最后可通过焊接等固定措施保证钢筋的定位不被外力干扰,定位钢板在吊装本层预制柱时取出。

为了避免预制柱钢筋接头在混凝土浇筑时不被污染,应采取保护措施对钢筋接头进行保护。

(二)预制梁现场钢筋施工

预制梁钢筋现场施工工艺,应结合现场钢筋工人的施工技术难度进行优化调整,由于预制梁箍筋分整体封闭箍和组合封闭箍(如图2-41、图2-42所示),封闭部分将不利于纵筋的穿插。为不破坏箍筋结构,现场工人被迫从预制梁端部将纵筋插入,这将大大增加施工难度。为避免以上问题,建议预制梁箍筋在设计时暂时不做成封闭形状,等现场施工工人将纵筋绑扎完后再进行现场封闭处理。纵筋穿插完后将封闭箍筋绑扎至纵筋上,注意封闭箍筋的开口端应交替出现。堆放、运输、吊装时梁端钢筋要保持原有形状,不能出现钢筋撞弯的情况。

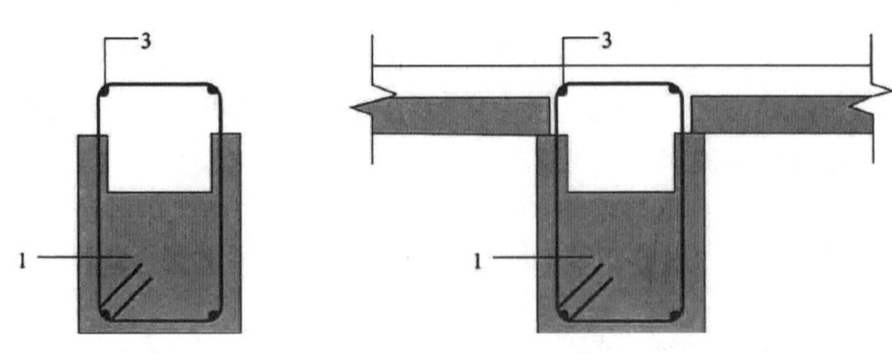

1—预制梁;3—上部纵向钢筋

图2-41 整体封闭箍示意图

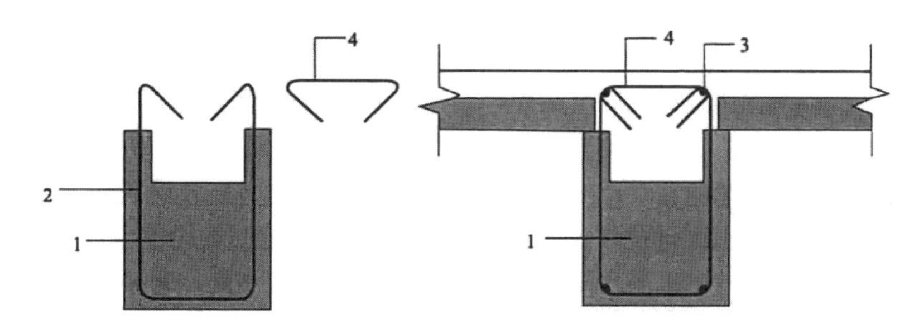

1—预制梁;2—开口箍筋;3—上部纵向钢筋;4—箍筋帽

图2-42 组合封闭箍示意图

(三)预制墙板现场钢筋施工

1.钢筋连接

竖向钢筋连接宜根据接头受力、施工工艺、施工部位等要求,选用机械连接、焊接连接、绑扎搭接等连接方式,并应符合国家现行有关标准的规定。接头位置应设置在受力较小处。

2.钢筋连接工艺流程

套暗柱箍筋→连接竖向受力筋→在对角主筋上画箍筋间距线→绑箍筋。

3.钢筋连接施工

(1)装配式剪力端结构暗柱节点主要有"一"字形、"L"形和"T"形几种形式(如图2-43至图2-45所示)。由于两侧的预制墙板均有外伸钢筋,因此暗柱钢筋的安装难度较大,需要在深化设计阶段及构件生产阶段就进行暗柱节点钢筋穿插顺序分析研究,发现无法实施的节点,及早与设计单位进行沟通,避免现场施工时出现箍筋安装困难或临时切割的现象发生。

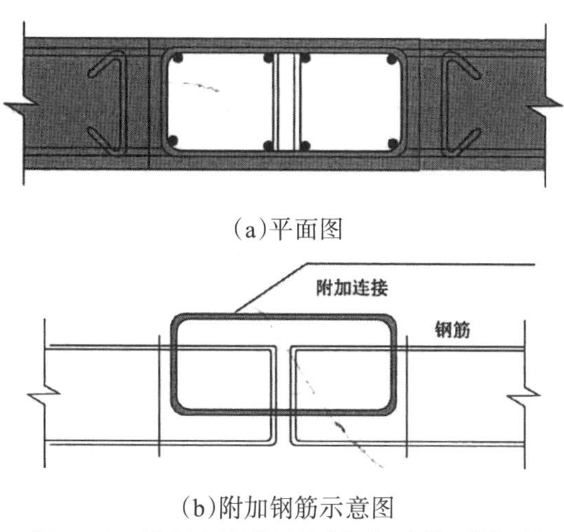

(a)平面图

(b)附加钢筋示意图

图2-43 后浇暗柱形式示意图(一)("一"字形)

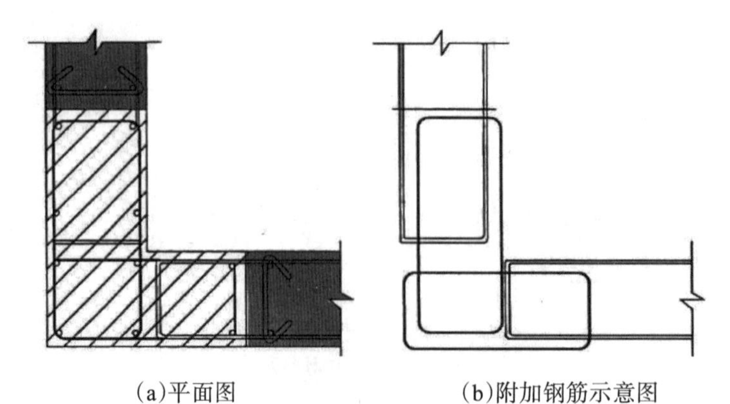

(a)平面图　　(b)附加钢筋示意图

图2-44　后浇暗柱形式示意图(二)(“L”形)

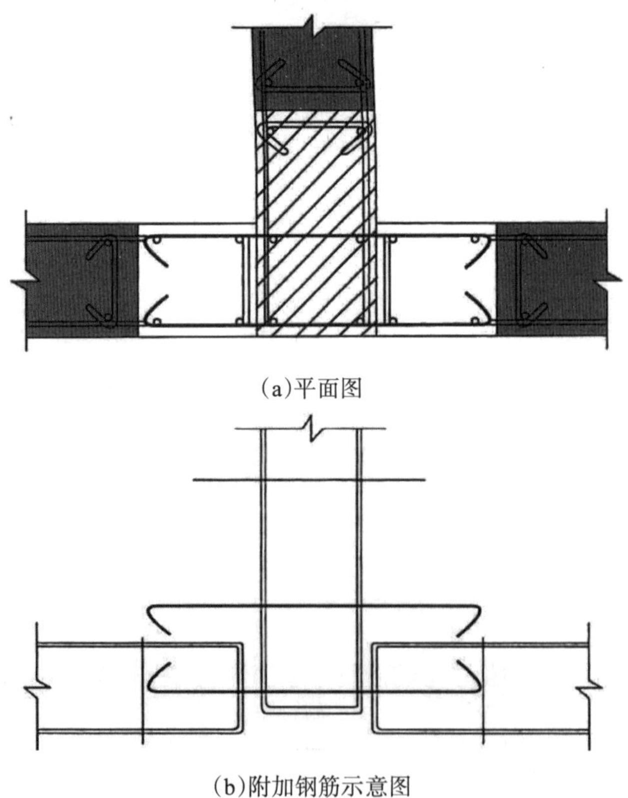

(a)平面图

(b)附加钢筋示意图

图2-45　后浇暗柱形式示意图(三)(“T”形)

(2)后浇节点钢筋绑扎时,可采用人字梯作业。当绑扎部位高于围挡时,施工人员应佩戴穿芯自锁保险带并做可靠连接。

(3)在预制板上标定暗柱箍筋的位置,预先把箍筋交叉放置就位(“1”形的将两方向箍筋依次置于两侧外伸钢筋上);先对预留竖向连接钢筋位置进行校正,然后再连接上部竖向钢筋。

(四)叠合板(阳台)现场钢筋施工

1.叠合层钢筋绑扎前清理干净叠合板上的杂物,根据钢筋间距弹线绑扎,上部受力钢筋带弯钩时,弯钩向下摆放,应保证钢筋搭接和间距符合设计要求。

2.安装预制墙板用的斜支撑预埋件应及时埋设。预埋件定位应准确,并采取可靠的防污染措施。

3.钢筋绑扎过程中,应注意避免局部钢筋堆载过大。

4.为保证上铁钢筋的保护层厚度,可利用吞合板的桁架钢筋作为上铁钢筋的马镫。

二、模板现场加工

在装配式建筑中,现浇节点的形式与尺寸重复较多,可采用铝模或者钢模。在现场组装模板时,施工人员应对照模板设计图纸有计划地进行对号分组安装,对安装过程中的累计误差进行分析,找出原因后采取相应的调整措施。模板安装完后,质检人员应作验收处理,验收合格签字确认后方可进行下一道工序。

三、混凝土施工

1.预制剪力墙节点处混凝土浇筑时,由于此处节点一般高度高、长度短、钢筋密集,混凝土浇筑时要边浇筑边振捣。此处的混凝土浇筑需重视,否则很容易出现蜂窝、麻面、狗洞。

2.为使叠合层具有良好的黏结性能,在混凝土浇筑前应对预制构件作粗糙面处理,并对浇筑部位作清理润湿处理。同时,对浇筑部位的密封性进行检查验收,对缝隙处作密封处理,避免混凝土浇筑后的水泥浆溢出对预制构件造成污染。

3.叠合层混凝土浇筑,叠合层厚度较薄,应当使用平板振捣器振捣,要尽量使混凝土中的气泡逸出,以保证振捣密实。叠合板混凝土浇筑应考虑叠合板受力均匀,可按照先内后外的浇筑顺序进行。

4.浇水养护,要求保持混凝土湿润养护至少7天。

课后习题

1.装配式结构现场钢筋施工在哪些部位?

2.简述预制柱现场钢筋施工步骤。

3.简述预制梁现场钢筋施工步骤。

4.简述叠合板现场钢筋施工步骤。

项目三　装配式建筑结构体系与技术

项目描述

近年来，随着城市化进程的不断推进，装配式建筑受到广泛关注。尽管国家政府已经出台了政策，明确了装配式建筑设计标准，但因为相关工作人员对设计理念的理解不透彻，并没能充分发挥装配式建筑结构应有的作用。因此，本项目将从装配式建筑基本情况入手，重点分析与研究装配式建筑结构体系与设计要点。

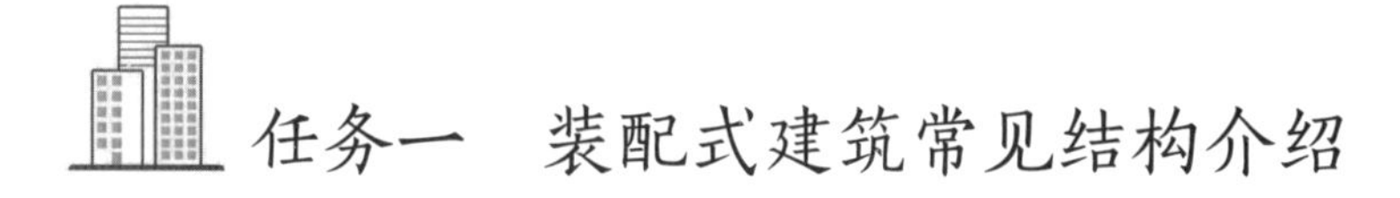

任务一　装配式建筑常见结构介绍

学习内容

学习常见装配式建筑结构分类知识和装配式混凝土结构下细分的多种结构。

具体要求

1. 了解装配式建筑结构的分类。
2. 了解每种装配式建筑结构的特点。
3. 不同装配式建筑结构的适用范围。

一、常见装配式建筑结构体系

装配式建筑，通俗易懂的解释就是将建筑所需要的结构构件在工厂内提前生产，再运往施工现场进行组合安装。更具体和专业的定义为：结构系统、外围护系统、设备与管线系统、内装系统的主要部分采用预制部件的建筑。

装配式建筑结构分为混凝土结构、钢结构、木结构等体系。装配式混凝土结构下又细分为多种结构，有双面叠合板式剪力墙体系、全装配整体式剪力墙体系、装配式框架-现浇剪力墙体系、“外挂内浇”PCF（预制装配式外挂墙板）剪力墙体系、全装配整体式框架体系等。

（一）双面叠合板式剪力墙体系

双面叠合板式剪力墙（如图3-1所示），是由两“片”混凝土墙板叠合而成的。叠合的方式是由钢筋桁架将两侧的混凝土板联系在一起。

图3-1 双面叠合板式剪力墙

在工厂预制完成时，板与板之间留有空腔，现场安装就位后再在空腔内浇筑混凝土，由此形成的预制和现浇混凝土整体受力的墙体就是叠合板式剪力墙，又称“双皮墙”。

预制部件：剪力墙、叠合楼板、阳台、楼梯、内隔墙等。

体系特点：工业化程度高，施工速度快，连接简单，构件重量轻，精度要求较低等。

适用高度：高层、超高层。

适用建筑：商品房、保障房等。

（二）全装配整体式剪力墙体系

装配整体式混凝土剪力墙（如图3-2所示），是指由预制混凝土剪力墙墙板构件和现浇混凝土剪力墙构成的竖向承重和水平抗侧力体系，通过整体式连接形成的一种钢筋混凝土剪力墙结构形式。

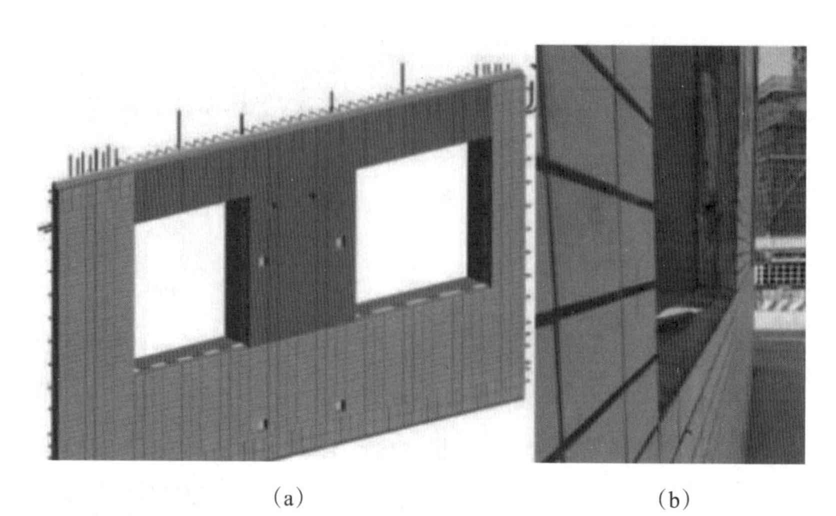

(a) (b)

图3-2 全装配整体式剪力墙

预制部件:剪力墙、叠合楼板、楼梯、内隔墙等。

体系特点:工业化程度高,房间空间完整,无梁柱外露,施工难度高,成本较高,可选择局部或全部预制,空间灵活度一般。

适用高度:高层、超高层。

适用建筑:商品房、保障房等。

(三)装配式框架-现浇剪力墙体系

装配式框架-现浇剪力墙体系(如图3-3所示),是指梁柱采用预制构件,剪力墙采用现浇。

图3-3 装配式框架-现浇剪力墙体系

通过现浇剪力墙和叠合楼板连接预制构件,柱或楼板也可采用现浇,外墙可采用柔性连接外挂板。装配式框架-现浇剪力墙体系具有良好的抗震性能。

(四)“外挂内浇”PCF剪力墙体系

“外挂内浇”PCF剪力墙体系，是指主体结构受力构件采用现浇，非受力结构采用外挂形式。该体系将施工现场现浇难度较大的围护构件在工厂内预制，然后运至现场外挂安装后节点与内部竖向主体承重结构现浇，有利于外墙防水抗渗，提高施工效率。

预制部件：外墙、叠合楼板、阳台、楼梯、叠合梁等。

体系特点：竖向受力结构采用现浇，外墙挂板不参与受力，施工难度较低，成本较低，常配合大钢模施工。

适用高度：高层、超高层。

适用建筑：保障房、商品房、办公楼等。

(五)全装配整体式框架体系

全装配整体式框架体系(如图3-4所示)，是以主要受力构件柱、梁、板全部或部分(如预制柱、叠合梁、叠合板)为预制构件的装配式混凝土结构。

装配式框架结构构件可以设计成多种标准化构件，拆分成柱、梁、板、楼梯、阳台、外墙等，在专业混凝土预制厂进行批量生产，运至现场组装，构件节点部位采用混凝土现浇。

图3-4 全装配整体式框架体系

预制部件：柱、叠合梁、外墙、叠合楼板、阳台、楼梯等。

体系特点：工业化程度高，预制比例可达80%，内部空间自由度好，室内梁柱外露，施工难度较高，成本较高。

适用高度:50 m以下。

适用建筑:公寓楼、办公楼、酒店、学校、工业厂房建筑等。

二、基本预制构件

装配整体式结构的基本构件主要包括预制混凝土柱、预制混凝土梁、预制混凝土剪力墙、预制混凝土楼面板、预制混凝土楼梯、预制混凝土阳台、预制空调板、预制女儿墙、围护结构等。

1.预制混凝土柱:预制混凝土实心柱、预制混凝土矩形柱壳,具体如图3-5所示。

图3-5 预制混凝土柱

2.预制混凝土梁:预制实心梁、预制叠合梁,具体如图3-6所示。

图3-6 预制混凝土梁

3. 预制混凝土剪力墙：预制实心剪力墙、预制叠合剪力墙，具体如图3-7所示。

图3-7 预制混凝土剪力墙

4. 预制混凝土楼面板：预制混凝土叠合板、预制混凝土实心板、预制混凝土空心板、预制混凝土双T板等，具体如图3-8所示。

图3-8 预制混凝土楼面板

5. 预制混凝土楼梯：外形美观，避免现场支模，节约工期，受力明确，安装后可做施工通道，具体如图3-9所示。

图3-9 预制混凝土楼梯

6.预制混凝土阳台,具体如图3-10所示。

图3-10 预制混凝土阳台

7.预制空调板,具体如图3-11所示。

图3-11 预制空调板

8.预制女儿墙,具体如图3-12所示。

图3-12 预制女儿墙

9.围护结构:外围护墙、预制内隔墙,具体如图3-13所示。

图3-13 预制内隔墙

任务二 装配式混凝土结构建筑主要技术体系

学习内容

学习装配式混凝土结构技术体系,包括装配整体式混凝土框架结构、装配整体式混凝土剪力墙结构、装配整体式混凝土框架-剪力墙结构等的技术体系内容以及技术特点。

具体要求

1.掌握装配式混凝土结构包括装配整体式混凝土框架结构、装配整体式混凝土剪力墙结构、装配整体式混凝土框架-剪力墙结构。

2. 掌握套筒灌浆连接技术、螺旋箍筋约束浆锚搭接连接技术和金属波纹管浆锚搭接连接技术要点。

3. 掌握装配式混凝土结构建筑围护体系种类(包括预制混凝土外围护墙板、预制内隔墙板、楼板和屋面板等)及其基本概念和特点。

4. 掌握装配式混凝土结构建筑设计标准与规范、装配式混凝土结构建筑施工验收标准与规范的种类。

一、装配式混凝土结构建筑技术体系

装配式混凝土结构是由预制混凝土构件(包括预制混凝土剪力墙或柱、预制混凝土叠合楼板或梁、预制混凝土楼梯、预制混凝土阳台以及预制混凝土空调板等)通过可靠的连接方式装配而成的混凝土结构。为了满足因抗震而提出的“等同现浇”要求,目前常采用装配整体式混凝土结构,即由预制混凝土构件通过可靠的方式进行连接,并与现场后浇混凝土、水泥基灌浆料形成整体的装配式混凝土结构,包括装配整体式混凝土框架结构、装配整体式混凝土剪力墙结构、装配整体式混凝土框架-剪力墙结构等,如图3-14所示。装配式混凝土结构建筑技术体系,一般包括结构体系、围护体系、内装体系及设备管线体系,其中围护体系又分为外墙、内隔墙及楼板结构等。

装配式混凝土结构作为装配式建筑的主力军,对装配式建筑的发展发挥着重要作用,主要适用于住宅建筑和公共建筑。装配式混凝土结构承受竖向与水平荷载的基本单元主要为框架和剪力墙,这些基本单元可组成不同的结构体系。本部分主要介绍结构体系。

(a)

(b)

图3-14 装配式混凝土结构

（一）装配整体式混凝土框架结构

装配整体式混凝土框架结构体系为全部或部分框架梁、柱采用预制构件，通过采用各种可靠的方式进行连接，形成整体的装配式混凝土结构体系，简称装配整体式框架结构。装配整体式框架结构基本组成构件为柱、梁、板等。一般情况下，楼盖采用叠合楼板，梁采用预制，柱可以预制也可以现浇，梁柱节点采用现浇。框架结构建筑平面布置灵活，造价低，使用范围广泛，主要应用于多层工业厂房、仓库、商场、办公楼、学校等建筑。

对装配式结构而言，预制构件之间的连接是最关键的核心技术。常用的连接方式为钢筋套筒灌浆连接和我国自主研发的螺旋箍筋约束浆锚搭接技术。当结构层数较多时，柱的纵向钢筋采用套筒灌浆连接可保证结构的安全；对于低层和多层框架结构，柱的纵向钢筋连接也可以采用一些相对简单及造价较低的方法，如钢筋约束浆锚连接技术。装配整体式混凝土框架结构根据连接形式不同分为以下两种情况。

1.刚性连接（等同于现浇结构）

（1）基于一维构件

把梁、柱预制成一维构件，通过一定的方法连接而成。预制构件端部伸出的预留钢筋焊接或用钢套筒连接，然后现场浇筑混凝土。

优点：构件生产及施工方便，结构整体性较好，可做到等同于现浇结构。

缺点：接缝位于受力关键部位，连接要求高。

一维构件，如图3-15所示。

（a）

（b）

图3-15 刚性连接（一维构件）

（2）基于二维构件

平面“T”形和“十”字形或“一”字形构件通过一定的方法连接。

优点:节点性能较好,接头位于受力较小部分。

缺点:生产、运输、堆放以及安装施工不方便。

二维构件,如图3-16所示。

(a)

(b)

图3-16 刚性构件(二维构件)

(3)基于三维构件

三维双"T"形和双"十"字形构件通过一定的方法连接。

优点:能减少施工现场布筋、浇筑混凝土等工作,接头数量较少。

缺点:构件是三维构件,质量大不便于生产、运输、堆放以及安装施工。该种框架体系应用较少。

三维构件,如图3-17所示。

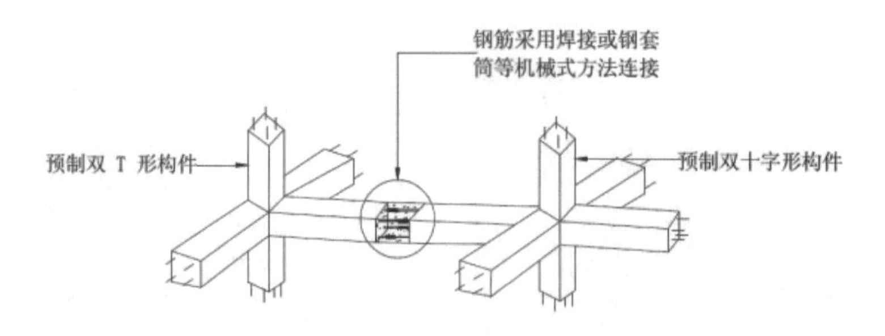

图3-17 刚性连接(三维构件)

2.柔性连接(不等同于现浇结构)

节点采用柔性连接,如图3-18所示。连接部位抗弯能力比预制构件低,地震作用下弹塑性变形通常发生在连接处。既可以用于预制混凝土框架体系,又可以用于预制混凝土板柱结构。变形在弹性范围内,因此结构恢复性能好,震后只需对连接部位进行修复就可以继续使用，具有较好的经济性能。柔性连接的预制混凝土结构设计原则与现浇结构有很大的不同，符合“基于性能”的抗震设计思想。

(a)

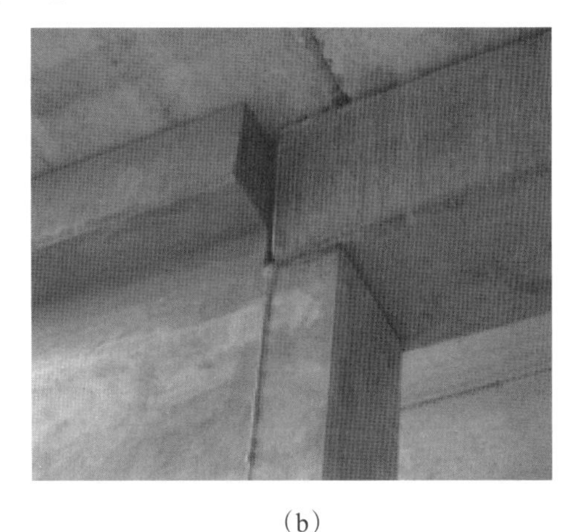

(b)

图3-18 柔性连接

(二)装配整体式混凝土剪力墙结构

1.装配式剪力墙结构体系分类

国内装配式剪力墙结构体系，按照主要受力构件的预制及连接方式可分为装配整体式剪力墙结构体系、叠合剪力墙结构体系和多层剪力墙结构体系。

各结构体系中，装配整体式剪力墙结构体系应用较多，适用的房屋高度最大，如图3-19(a)所示；叠合剪力墙结构体系主要应用于多层建筑或低烈度区高度不大的高层建筑，如图3-19(b)所示；多层剪力墙结构体系目前应用较少，但基于其高效、简便的特点，在新型城镇化的推进过程中前景广阔，如图3-19(c)所示。

(a)装配整体式剪力墙结构

(b)叠合剪力墙结构

(c)多层剪力墙结构

图3-19　装配式剪力墙结构体系

2.装配整体式混凝土剪力墙结构

(1)装配整体式混凝土剪力墙结构技术特点

装配整体式混凝土剪力墙结构的主要受力构件,如内外墙板、楼板等在工厂生产,并在现场组装而成。预制构件之间通过现浇节点连接在一起,有效地保证了建筑物的整体性和抗震性能。这种结构可大大提高结构尺寸的精度和住宅的整体质量;减少模板和脚手架作业,提高施工安全性;外墙保温材料和结构材料(钢筋混凝土)复合一体工厂化生产,节能保温效果明显,保温系统的耐久性得到极大的提高;构件通过标准化生产,土建和装修一体化设计,减少浪费;户型标准化,模数协调,房屋使用面积相对较高,节约土地资源;采用装配式建造,减少现场湿作业,降低施工噪声和粉尘污染,减少建筑垃圾和污水排放。

(2)装配整体式混凝土剪力墙结构体系

装配整体式混凝土剪力墙结构,以预制混凝土剪力墙和现浇混凝土剪力墙作为结构的竖向承重和水平抗侧力构件,通过整体式连接而成,包括同层预制墙板间以及预制墙板与现浇剪力墙的整体连接,即采用竖向现浇段将预制墙板以及现浇剪力墙连接成为整体;楼层间的预制墙板的整体连接,即通过预制墙板底部结合面灌浆以及顶部的水平现浇带和圈梁,将相邻楼层的预制墙板连接成为整体;预制墙板与水平楼盖之间的整体连接,即水平现浇带和圈梁。

目前,装配整体式混凝土剪力墙结构的关键技术在于预制剪力墙之间的拼缝连接。预制墙体的竖向接缝多采用后浇混凝土连接,其水平钢筋在后浇段内锚固或者搭接,具体有以下四种连接法:

①竖向钢筋采用套筒灌浆连接,拼缝用灌浆料填实;

②竖向钢筋采用螺旋箍筋约束浆锚搭接连接，拼缝采用灌浆料填实；

③竖向钢筋采用金属波纹管浆锚搭接连接，拼缝采用灌浆料填实；

④竖向钢筋采用套筒灌浆连接，结合预留后浇区搭接连接。

(3)套筒灌浆连接技术

钢筋套筒灌浆连接技术是指带肋钢筋插入内腔为凹凸表面的灌浆套筒，通过向套筒与钢筋的间隙灌注专用高强水泥基灌浆料，灌浆料凝固后将钢筋锚固在套筒内实现针对预制构件的一种钢筋连接技术。该技术将灌浆套筒预埋在混凝土构件内，在安装现场从预制构件外通过注浆管将灌浆料注入套筒，来完成预制构件钢筋的连接，是预制构件中受力钢筋连接的主要形式，主要用于各种装配整体式混凝土结构的受力钢筋连接。

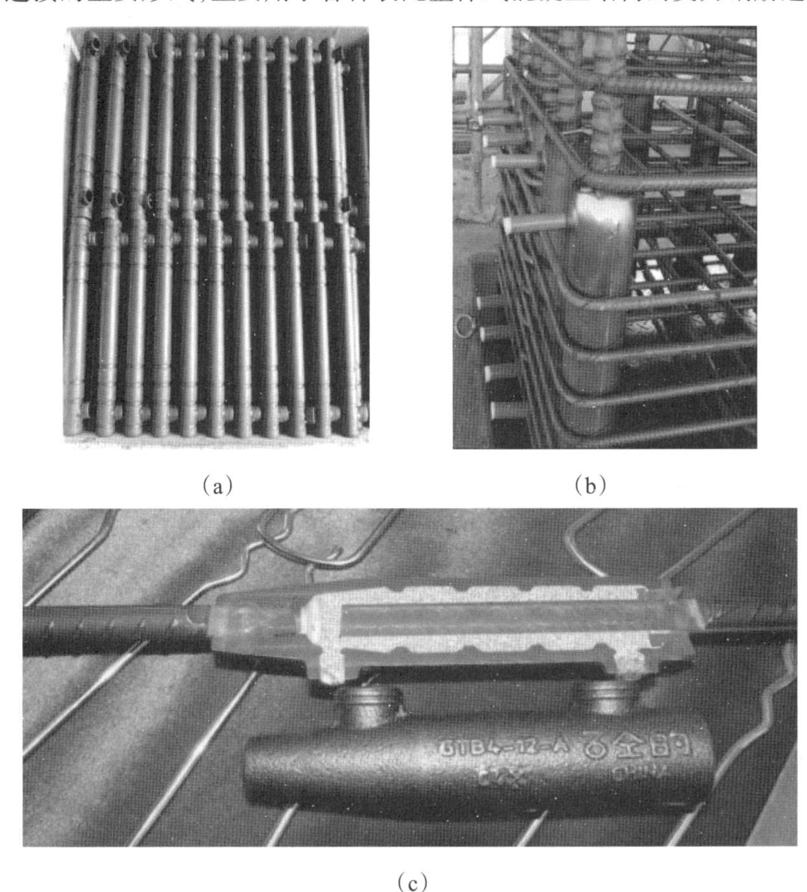

(a)　(b)

(c)

图3-20　钢筋套筒灌浆

钢筋套筒灌浆连接接头由钢筋、灌浆套筒、灌浆料三种材料组成，如图3-20所示。其中灌浆套筒分为半灌浆套筒和全灌浆套筒，半灌浆套筒连接的接头一端为灌浆连接、另一端为机械连接。

钢筋套筒灌浆连接施工流程主要包括：预制构件在工厂完成套筒与钢筋的连接、套筒在模板上的安装固定和进出浆管道与套筒的连接,在建筑施工现场完成构件安装、灌浆腔密封、灌浆料加水拌合及套筒灌浆。

竖向预制构件的受力钢筋连接,可采用半灌浆套筒或全灌浆套筒。构件宜采用连通腔灌浆方式,并应合理划分连通腔区域。构件也可采用单个套筒独立灌浆,构件就位前水平缝处应设置坐浆层。套筒灌浆连接应采用由经接头型检验确认的与套筒相匹配的灌浆料,使用与材料工艺配套的灌浆设备,以压力灌浆方式将灌浆料从套筒下方的进浆孔灌入,从套筒上方出浆孔流出,及时封堵进出浆孔,确保套筒内有效连接部位的灌浆料填充密实。

水平预制构件纵向受力钢筋在现浇带处连接可采用全灌浆套筒连接。套筒安装到位后,套筒注浆孔和出浆孔应位于套筒上方,使用单套筒灌浆专用工具或设备进行压力灌浆,灌浆料从套筒一端进浆孔注入,从另一端出浆口流出后,进浆、出浆孔接头内灌浆料浆面均应高于套筒外表面最高点。

套筒灌浆施工后,灌浆料同条件养护试件的抗压强度达到35 MPa后,方可进行对接头有扰动的后续施工。

(4)螺旋箍筋约束浆锚搭接连接技术

传统现浇混凝土结构的钢筋搭接,一般采用绑扎连接或直接焊接等方式,而装配式结构预制构件之间的连接除了采用钢筋套筒灌浆连接外,有时也采用钢筋浆锚搭接连接的方式。与钢筋套筒灌浆连接相比,钢筋浆锚搭接连接同样安全可靠、成本相对较低。在预制构件中有螺旋箍筋约束的孔道中进行搭接的技术,称为钢筋约束浆锚搭接连接,如图3-21所示。

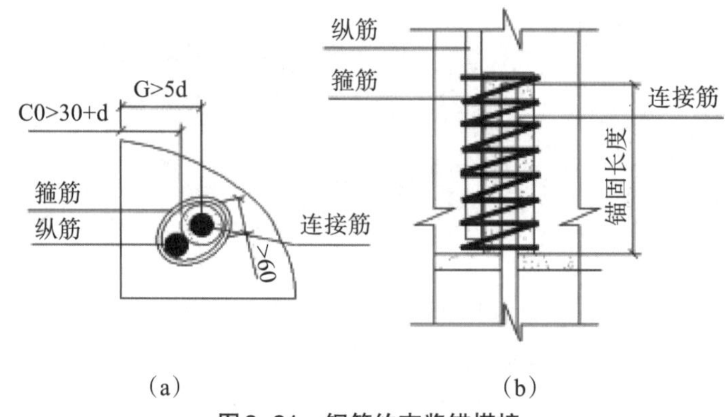

图3-21 钢筋约束浆锚搭接

约束浆锚搭接连接的原理:浆锚搭接连接是基于黏结锚固原理进行连接的方法,在竖向结构构件下段范围内预留出竖向孔洞,孔洞内壁表面留有螺纹状粗糙面,周围配有横向约束螺旋箍筋，将下部装配式预制构件预留钢筋插入孔洞内，通过灌浆孔注入灌浆料将上下构件连接成一体的连接方式。研究表明，约束浆锚搭接连接是一种较为可靠的钢筋连接技术，可以应用于装配整体式剪力墙的竖向钢筋连接。

(5)金属波纹管浆锚搭接连接技术

金属波纹管浆锚搭接连接：墙板主要受力钢筋采用插入一定长度的钢套筒或预留金属波纹管孔洞，灌入高性能灌浆料形成的钢筋搭接连接接头。金属波纹浆锚管：采用镀锌钢带卷制形成的单波或双波形咬边扣压制成的预埋于预制钢筋混凝土构件中，用于竖向钢筋浆锚接的金属波纹管。具体情况如图3-22所示。

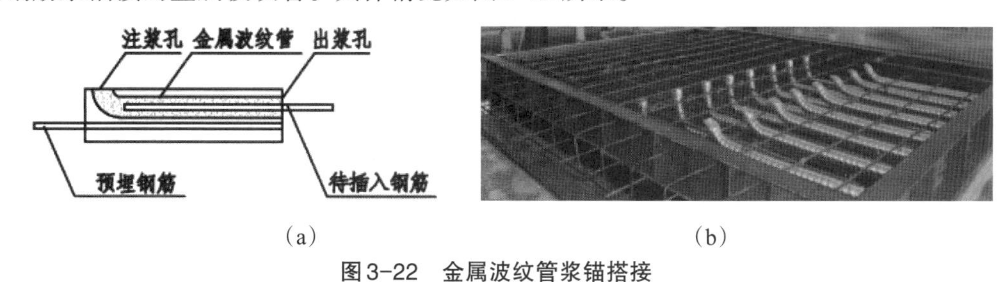

(a) (b)

图3-22 金属波纹管浆锚搭接

金属波纹管浆锚搭接连接的要求：

纵向钢筋采用浆锚搭接时，对预留成孔工艺、孔道形状和长度、构造要求、灌浆料和被连接钢筋应进行力学性能以及实用性试验验证。直径大于20 mm的钢筋不宜采用浆锚搭接连接。直接承受动力载荷构件的纵向钢筋不应采用浆锚搭接连接。房屋高度大于12 m或超过3层时，不宜使用浆锚搭接连接。在多层框架结构中，《装配式混凝土结构设计规程》不推荐采用浆锚搭接方式。相比较而言，钢筋套筒灌浆连接技术更加成熟，适用于较大直径钢筋的连接；广泛应用于装配式混凝土结构中剪力墙、柱等纵向受力钢筋的连接。钢筋浆锚搭接连接适用于较小直径钢筋(d≤20 mm)的连接，连接长度较大，不适用于直接承受动力荷载构件的受力钢筋连接。

(6)叠合剪力墙体系

作为装配整体式混凝土剪力墙结构体系的一种特例叠合剪力墙体系，是将剪力墙沿厚度方向分为3层，内、外两层预制，中间层后浇，形成“三明治”结构，如图3-23所示。

(a)

(b)

图3-23　叠合剪力墙

3层之间通过预埋在预制板内桁架钢筋进行结构连接。叠合剪力墙利用内、外两侧预制部分作为模板，中间层后浇混土可与叠合楼板的后浇层同时浇筑，施工便利、速度较快。一般情况下，相邻层剪力墙仅通过在后浇层内设置的连接钢筋进行结构连接，虽然施工快捷，但内、外两层预制混凝土板与相邻层不相连接（包括配置在内、外叶预制墙板内的分布钢筋也不上下连接），因此预制混凝土板部分在水平接缝位置基本不参与抵抗水平剪力，其在水平接缝处的平面内受剪和平面外受弯有效墙厚大幅减少，其最大适用高度也受到相应的限制。国家标准《装配式混凝土建筑技术标准》（GB/T 51231—2016）中明确规定，该结构适用于抗震设防烈度8度及以下地区、建筑高度不超过90 m的装配式房屋。

（三）装配整体式混凝土框架-剪力墙结构体系

框架-剪力墙结构是由框架和剪力墙共同承受竖向和水平作用的结构，兼有框架结框架和剪力墙结构的特点，体系中框架和剪力墙布置灵活，较易实现大空间和较高适用高度，可以满足不同建筑功能的要求，广泛应用于居住建筑、商业建筑及办公建筑等。当剪力墙在结构中集中布置形成筒体时，就成为框架-核心筒结构，其主要特点是剪力墙布置在建筑平面核区域，形成结构刚度和承载力较大的筒体，同时可作为竖向交通核（楼梯、电梯间）和设备管井使用，特别适合于办公、酒店及公寓等高层和超高层民用建筑。

1.装配整体式混凝土框架-现浇剪力墙结构体系

装配整体式混凝土框架-现浇剪力墙结构体系中，框架结构部分的要求详见装配整体式混凝土框架部分；剪力墙部分为现浇结构，与普通现浇剪力墙结构要求相同；框架-现浇的连接节点，如图3-24所示。这种体系的优点是适用高度大，抗震性能好，框架部分的装配化程度较高；主要缺点是现场同时存在预制装配和现浇两种作业方式，施工组织和管理复杂，效率不高。

(a) (b)

图3-24 装配整体式混凝土框架-现浇的连接节点

2.装配整体式混凝土框架-现浇核心筒结构体系

装配整体式混凝土框架-现浇核心筒结构体系中,核心筒具有很大的水平抗侧刚度和承载力,是框架-核心筒结构的主要受力构件,可以分担绝大部分的水平剪力(一般大于80%)和大部分的倾覆弯矩(一般大于50%),如图3-25所示。

(a) (b)

图3-25 装配整体式混凝土框架-现浇核心筒结构

由于核心筒的空间结构特点,若将核心筒设计为预制装配式结构,会造成预制剪力墙构件生产、运输、安装施工的困难,经济效益并不高。因此,从保证结构安全以及提高施工效率的角度出发,国内外一般均不采用预制核心筒的结构形式。核心筒部位的混凝土浇筑量大且集中,可采用滑模施工等较先进的施工工艺,施工效率高。而外框架部分主要承担竖向荷载和部分的水平荷载,承受的水平剪力很小,且主要由柱、梁、板等构件组成,适合装配式工法施工,现有的钢框架-现浇混凝土核心筒结构就是应用比较成熟的范例。

近几年来，随着工业化和城镇化进程的加快、劳动力成本的不断增长，我国在装配式建筑领域的研究与应用不断升温，地方政府积极推进、相关企业积极响应，积极开展相关技术的研究与应用，形成了良好的发展态势。特别是为了满足装配式建筑应用的需求，编制和修订了国家标准《装配式混凝土建筑技术标准》《装配式建筑评价标准》《混凝土结构工程施工质量验收规范》等；行业标准《装配式混凝土结构技术规程》《钢筋套筒灌浆连接应用技术规程》等；产品标准《钢筋连接用灌浆套筒》《钢筋连接用套筒灌浆料》等。

二、装配式混凝土结构建筑设计标准与规范

目前，与装配式混凝土结构建筑相关的部分现行设计标准与规范，如表3-1所示。部分技术标准或技术规范中，既有设计部分内容又有施工或验收部分内容，如《装配式混凝土建筑技术标准》《装配式混凝土结构技术规程》等标准规范，在表3-1和表3-2中未重复列出。

表3-1　混凝土结构建筑相关设计标准与规范

序号	标准/规范名称	标准/规范编号
1	《建筑模数协调标准》	GB/T 50002—2013
2	《厂房建筑模数协调标准》	GB/T 50006—2010
3	《房屋建筑制图统一标准》	GB/T 50001—2017
4	《装配式混凝土建筑技术标准》	GB/T 51231—2016
5	《混凝土结构设计规范》	GB 50010—2010(2015年版)
6	《建筑设计防火规范》	GB 50016—2014(2018年版)
7	《装配式建筑评价标准》	GB/T 51129—2017
8	《建筑结构荷载规范》	GB 50009—2012
9	《高耸结构设计规范》	GB 50135—206
10	《建筑抗震设计规范》	GB 50011—2010(2016年版)
11	《预应力混凝土空心板》	GB/T 14040—2007
12	《钢筋混凝土升板结构技术规范》	GBJ 130—1990
13	《装配式住宅建筑设计标准》	JGJ/T 398—2017
14	《组合结构设计规范》	JGJ 138—2016
15	《矩形钢管混凝土结构设计规程》	CECS 159—2004
16	《钢筋混凝土装配整体式框架节点与连接设计规程》	CECS 43—1992
17	《预制混凝土剪力墙外墙板》	15G365-1
18	《预制混凝土剪力墙内墙板》	15G365-2

续表

19	《桁架钢筋混凝土叠合板(60 mm厚底板)》	15G366-1
20	《预制钢筋混凝土板式楼梯》	15G367-1
21	《预制钢筋混凝土阳台板、空调板及女儿墙》	15G368-1
22	《装配式混凝土结构连接节点构造(2015年合订本)》	G310-1~2
23	《装配式混凝土结构表示方法及示例(剪力墙结构)》	15G107-1
24	《装配式混凝土结构住宅建筑设计示例(剪力墙结构)》	15J939-1

三、装配式混凝土结构建筑施工验收标准与规范

目前,与混凝土结构建筑相关的部分现行施工验收标准与规范,如表3-2所示。

表3-2 混凝土结构建筑相关施工验收标准与规范

序号	标准/规范名称	标准/规范编号
1	《混凝土结构工程施工规范》	GB 50666—2011
2	《混凝土结构工程施工质量验收规范》	GB 50204—2015
3	《建筑工程施工质量验收统一标准》	GB 50300—2013
4	《装配式混凝土结构技术规程》	JGJ 1—2014
5	《高层建筑混凝土结构技术规程》	JGJ 3—2010
6	《预制预应力混凝土装配整体式框架结构技术规程》	JGJ 224—2010
7	《预制带肋底板混凝土叠合楼板技术规程》	JGJ/T 258—2011
8	《钢筋套筒灌浆连接应用技术规程》	JGJ/T 355—2015
9	《钢筋连接用灌浆套筒》	JG/T 398—2012
10	《钢筋连接用套筒灌浆料》	JG/T 408—2013
11	《整体预应力装配式板柱结构技术规程》	CECS 52—2010
12	《混凝土钢管叠合柱结构技术规程》	CECS 188—2005
13	《钢管混凝土结构技术规程》	CECS 28—2012

任务三　建筑设计技术要点

学习内容

学习装配式混凝土建筑的设计方法与设计要求。

具体要求

1. 了解装配式建筑建造设计的要求。

2. 了解装配式混凝土建筑平面、立面与剖面设计的方法。

一、建筑平面设计

装配式混凝土建筑的平面设计，在满足平面功能的基础上考虑有利于装配式建筑建造的要求，遵循“少规格、多组合”的原则，建筑平面应进行标准化、定型化设计，建立标准化部件模块、功能模块与空间模块，实现模块多组合应用，提高基本模块、构件和部件重复使用率，有利于提升建筑品质、提高建造效率及控制建设成本。

（一）总平面设计

装配式混凝土建筑的总平面设计，应在符合城市总体规划要求的同时，满足国家规范及建设标准。在前期策划与总体设计阶段，应对项目定位、技术路线、成本控制、效率目标等做出明确要求。

对项目所在区域的构件生产能力、施工装配能力、现场运输与吊装条件等进行充分考虑，各专业应协同配合，结合预制构件的生产运输条件和工程经济性，安排好装配式建筑结构实施的技术路线、实施部位及规模。在进行现场总体施工方案的制定时，充分考虑构件运输通道、吊装及预制构件临时堆场的设置。

总平面设计须考虑以下三个方面：

1. 外部运输条件

预制构件运输从构件生产地到施工现场塔吊所覆盖的临时停放区，整个运输过程中的道路宽度、荷载、转弯半径、净高等应满足通行条件。如交通条件受限，应统筹考虑设置其他临时通道、出入口或道路临时加固等措施，或改变预制构件的空间尺寸、规格、重量等，以保证预制构件的顺利到达。

2. 内部空间场地

大部分预制构件运至现场，经短时间存放或立即进行吊装，存放场地的大小、位置安排直接影响到施工的效率和秩序。在总平面设计时，应综合施工顺序、塔吊半径、塔吊运力等，对构件存放场地作合理设置，应尽量避开施工开挖区域。

3. 内部安装动线

预制构件安装的施工组织计划和各施工工序的有效衔接，相比传统的施工建造方式要求更高，总平面设计要结合施工组织与构件安装动线进行统筹考虑。一般情况要求总平面设计为装配式建筑生产施工过程中构件的运输、堆放、吊装预留足够的空间，在不具备临时堆场的情况下，应尽早结合施工组织，为塔吊和施工预留好现场条件。

（二）建筑平面设计

装配式混凝土建筑平面设计，除满足建筑使用功能需求外，应考虑有利于装配式混凝土建筑建造的要求。建筑平面设计需要整体设计的思想，平面设计不仅需要考虑建筑各功能空间的使用尺寸，还应考虑建筑全寿命期的空间适应性，让建筑空间适应使用于不同时期的不同需要。

（三）标准化设计的方法

平面设计中的开间与进深尺寸应采用统一模数尺寸系列，并尽可能优化出利于组合的尺寸规格。建筑单元、预制构件和建筑部件的重复使用率是项目标准化程度的重要指标，在同一项目中对相对复杂或规格较多的构件，同一类型的构件一般控制在三个规格左右并占总数量的较大比重，可控制并体现标准化程度。对于规格简单的构件，用一个规格构件数量控制。

二、装配式混凝土建筑立面与剖面设计

装配式混凝土建筑的立面设计，应采用标准化的设计方法，通过模数协调，依据装配式建筑建造方式的特点及平面组合设计，达到建筑立面的个性化和多样化效果。

依据装配式建筑建造的要求，最大限度考虑采用标准化预制构件，并尽量减少立面预制构件的规格种类。立面设计应利用标准化构件的重复、旋转、对称等多种方法组合，以及外墙肌理及色彩的变化，展现出多种设计样式和造型风格，实现建筑立面既有规律性的统一，又有韵律性的个性变化。

(一)立面设计

装配式混凝土建筑的立面,是标准化预制构件和构配件立面形式装配后的集成与统一。立面设计应根据技术策划的要求最大限度地考虑采用预制构件,并依据“少规格、多组合”的设计原则尽量减少立面预制构件的规格种类。

建筑立面应规整,外墙宜无凸凹,立面开洞统一,减少装饰构件,尽量避免复杂的外墙构件。居住建筑的基本套型或公共建筑的基本单元,在满足项目要求的配置比例前提下尽量统一。

通过标准单元的简单复制、有序组合达到高重复率的标准层组合方式,实现立面外墙构件的标准化和类型的最少化。建筑立面呈现整齐划一、简洁精致、富有装配式建筑特点的韵律效果。

建筑竖向尺寸应符合模数化要求,层高、门窗洞口、立面分格等尺寸应尽可能协调统一。门窗洞口宜上下对齐、成列布置,其平面位置和尺寸应满足结构受力及预制构件设计要求。

门窗应采用标准化部件,宜采用预留副框或预埋等方式与墙体可靠连接,外窗宜采用合理的遮阳一体化技术,建筑的围护结构、阳台、空调板等配套构件宜采用工业化、标准化产品。

(二)外墙立面分格与装饰材料

装配式混凝土建筑的立面分格应与构件组合的接缝相协调,做到建筑效果和结构合理性的统一。

装配式建筑要充分考虑预制构件工厂的生产条件,结合结构现浇节点及外挂墙板的受力点位,选用合适的建筑装饰材料,合理设计立面划分,确定外墙的墙板组合模式。

立面构成要素宜具有一定的建筑功能,如外墙、阳台、空调板、栏杆等,避免大量装饰性构件,尤其是与建筑寿命不同的装饰性构件,影响建筑使用的可持续性,不利于节材节能。

预制外挂墙板通常分为整板和条板。整板大小通常为一个开间的长度尺寸,高度通常为一个层高的尺寸。条板通常分为横向板、竖向板等,也可设计成非矩形板或非平面板,在现场拼装成整体。

采用预制外挂墙板的立面分格应结合门窗洞口、阳台、空调板及装饰构件等按设计要求进行划分,预制女儿墙板宜采用与下部墙板结构相同的分块方式和节点做法。

装配式混凝土建筑的外墙饰面材料选择及施工应结合装配式建筑的特点,考虑经济性原则，并符合绿色建筑的要求。

预制外墙板饰面在构件厂一体完成，其质量、效果、耐久性都要大大优于现场作业，既省时省力又能提高效率。外饰面应采用耐久、不易污染、易维护的材料，可更好地保持建筑的设计风格、视觉效果和人居环境的绿色健康，降低建筑全寿命期内的材料更新替换和维护成本，解决现场施工带来的有害物质排放、粉尘及噪音污染等问题。

外墙表面可选择混凝土、耐候性涂料、面砖和石材等。预制混凝土外墙可处理成彩色混凝土、清水混凝土、露骨料混凝土及表面带图案装饰的拓模混凝土等。不同的表面肌理和色彩可满足立面效果设计的多样化要求，涂料饰面整体感强、装饰性好、施工简单、维修方便，较为经济；面砖饰面、石材饰面坚固耐用，具备很好的耐久性和质感，且易于维护。

在生产过程中，饰面材料与外墙板采用反打工艺一次制作成型，减少现场工序，保证质量，提高饰面材料的使用寿命。

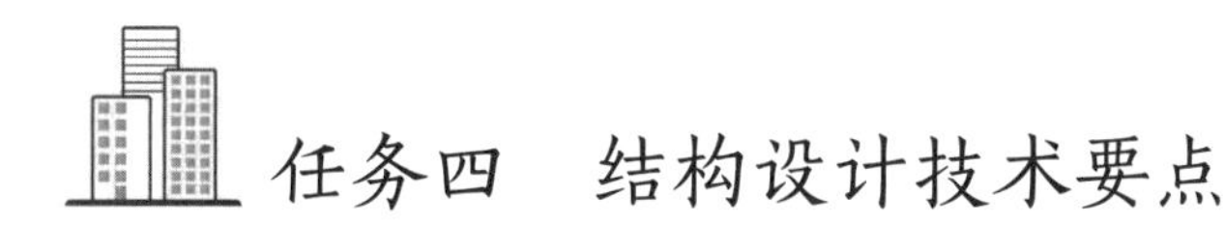

任务四　结构设计技术要点

学习内容

分析装配式建筑结构设计的优势，阐述装配式建筑结构设计要点，学习在设计过程中需要综合考虑的项目要求、项目地附近地质条件等因素，将建筑物的表达反映在设计图纸上。

具体要求

1. 了解装配式建筑结构设计的发展优势。
2. 了解装配式建筑结构设计要点。

传统建筑存在工期长和效率较低的问题，装配式建筑解决了这些问题。在结构设计方面，装配式建筑也有优势。本节对装配式建筑结构设计的优势进行分析，阐述装配式建筑结构设计要点。

目前，新建筑技术的发展趋势是向轻建筑系统发展，并正在努力将这种技术应用于多层建筑。装配式建筑顺应了这一发展趋势，同时也满足了“绿色建筑”的要求，这也是实现我国建筑行业可持续发展的必然选择。建筑结构设计是建筑工程项目重要组成部分，在设计过程中需要综合考虑项目要求、项目地附近地质条件等因素，将设计人员对建筑物的表达反映在设计图纸上。本节将重点对装配式建筑结构设计进行探讨。

一、装配式建筑结构设计的发展优势

相比于传统建筑类型,装配式建筑具有自身优势,具体表现为:一是环保程度高。装配式建筑在施工过程中可以根据实际需求选择不同的材料,材料选择方面的限制较小,绿色环保类建筑材料的使用率也相对较高。因此,装配式建筑在施工过程中产生的废旧材料等建筑垃圾相对更少,减少了工程施工过程中粉尘污染等现象,对自然环境造成的影响较小。二是用工人数少,效率高。装配式建筑大多采用现场吊装拼接方式进行建设,这一方式可以大幅减少施工人数,同时也减轻了施工人员的工作负荷,提高了项目的施工效率。三是工期较短。相比于传统建筑类型,装配式建筑在施工过程中可以拆分结构并行施工,加快了施工进度,缩短了工程工期。四是施工作业强度低。装配式建筑在施工过程中,现场施工一般包括原材料的运输、配比与使用,以及根据设计图纸安装相应的建筑结构,工程施工作业强度相对较低。随着装配式建筑的发展,行业人士和政府部门都认识到其优势,政府也出台了一些政策,这为装配式建筑的发展提供了良好的政策环境。这一技术绿色环保、效率高,较好地满足了我国产业转型发展的需求,顺应了工业可持续发展的趋势。相比于传统建筑技术,这一技术有着明显的优势,已经成为行业与政府十分推崇的施工技术。现阶段,人们对建筑行业的要求越来越高,城市、乡镇快速发展,建筑行业发展前景广阔,这也意味着装配式建筑有着极大的发展空间。

二、装配式建筑结构设计的发展优势

(一)设计流程要点

装配式建筑的设计流程增加了深化设计环节,在设计过程中,除了原有的设计内容外,还增加了新的设计要求。在方案设计环节,设计人员应该对工程项目的规模、成本控制要求等较为熟悉。建筑物结构类型应该严格按照相关文件要求选用,要对剪力墙、柱体等构件的连接、位置合理设计,例如剪力墙的相对尺寸应该满足预制构件的设计要求。设计人员在设计装配式建筑过程中,需要与施工单位共同确定设计与施工细节,共同商讨技术实施方案,为之后的设计提供有效的参考。在施工图设计环节,设计人员在进行结构设计时需要熟悉装配式建筑的构件生产等方面的技术要求,在设计施工图时要依据受力合理等原则合理选择预制构件的类型,并且协调好其与管线预埋的设计要求。在结构深化环节,设计人员要注意与加工厂积极联系,双方共同设计构件加工图纸,必要时还要进行构件脱模,并考虑吊钩等工件的预留。

(二)预制构件的设计与拆分

预制构件在设计时应该根据生产单位的工艺水平合理设计尺寸,最大限度地减少尺寸误差,尽量避免因尺寸未达标而产生的质量问题。与此同时,设计人员还需要根据施工单位的吊装水平等因素进行设计。一些单位拆分预制构件主要是为了降低施工成本,出于对项目工程的成本控制的需要,也有部分施工单位拆分预制构件是为了施工能够顺利进行,优化施工流程,也有利于节点设计更为科学。建筑物在施工以及后续使用过程中会受到人为因素、自然因素以及特殊因素的影响,而建筑物的可靠性与安全性也是行业、用户最为看重的指标之一,因此必须确保装配式建筑结构的安全性。拆分预制构件是为了进一步把握装配式建筑主体结构受力情况,也是为了了解预制构件的承载能力。例如,在设计装配式混凝土结构时,要确定现浇与预制的范围,要明确结构构件的拆分位置、构件之间的拆分位置,同时要明确后浇区与预制构件之间的关系。在进行结构拆分时,应该根据实际情况尽可能地减少构件规格,要考虑结构是否合理,要对相邻构件的拆分进行了解,要合理选择构件接缝位置。例如,在拆分装配式剪力墙结构设计时,应该多安排T形剪力墙,避免拆墙时拆分零散。对于需要添加翼缘的剪力墙,要合理设计翼缘长度,避免因边缘构件现浇长度太长而影响浇筑。除了考虑结构安全性问题外,设计人员还需要考虑到构件运输、安装等方面的问题,综合考虑这些环节的需要,不断调整预制构件拆分设计,才可以使设计更为合理。

(三)构造节点的设计

装配式建筑门窗等防水性能较差部位的构造节点应该加强构造节点设计,在设计时应该根据项目工程所在气候区、地理区域进行设计,满足建筑物防水的需求。例如,预制外墙板水平缝可以采用高低缝提高防水性能。在设计时,当装配式建筑物不考虑抗震要求时,结构的主要荷载为风荷载,风荷载作用时结构大多处于弹性状态,故而构造节点设计一般仅需满足内力要求。当建筑物需要考虑抗震要求时,建筑物结构的主要荷载为地震荷载,若地震荷载过大则结构极有可能进入塑性状态,因此构造节点设计在前者的基础上还有着特殊设计要求,即要根据构造节点极限承载力设计,要考虑到构建塑性时的局部稳定情况,要保证梁塑性时的侧向稳定。为了尽可能防止梁发生侧向弯扭失稳,在设计受弯构件塑性区时,应该根据两相邻支撑点间的间距、受压翼缘的宽度设置侧向支撑点。在设计构造节点时,还应该使节点构造简单,便于就位与调整,设计钢结构构造节点时还应注意避免厚钢板层状撕裂。同时,构造节点的接缝宽度应该考虑地震荷载、风荷载的影响。在构造节点设计过程中，设计人员一定要关注不同连接节点的安全性能以及受力情况，要能够依据不同的连接方式采用不同的技术。

(四)框架结构体系的设计

框架结构体系在所有的建筑结构体系中应用最为广泛，大多被应用于高层建筑中，因此框架结构体系的设计必须引起重视。在设计框架结构体系时，要注意“刚柔并济”，若结构太柔则容易出现变形现象，若结构太刚则容易出现局部受损等情况。在设计时，还需要分清主次，要分清各部分构件的重要性，要尽可能确保重要构件在意外发生时不会垮塌、发生破坏，尽可能避免造成严重的后果。在设计时，倘若建筑布局不合理、较为混乱，则应该根据现有的布局设计框架体系结构，当建筑布局为哑铃状时，中间部位结构的板材应该增加厚度，调整配筋。倘若地下水位偏高时，应该注重框架体系的防水性能设计。对于地下室，混凝土结构应该具有较强的抗渗性能，在配置混凝土材料时应该按照一定比例加入膨胀剂。框架结构体系建筑长度若难以达到伸缩缝间距要求，则应该增大配筋率，或者调节保温措施。当装配式建筑物梁截面过大时，设计人员应该认真计算变形、配筋率，必要时需采用加强措施。在设计出入口位置的女儿墙时，均考虑加构造柱，做好加密处理。

(五)剪力墙结构体系的设计

剪力墙是建筑物中主要承受风荷载与地震荷载的结构，具有防止结构剪切破坏的作用。剪力墙结构体系的设计也是一个重点，设计人员在设计时需要把握以下重点。

1.要全面考虑空间与结构问题。对于高层装配式建筑，其剪力墙的施工方式为对称样式。

2.要避免单方向的剪力墙设置。在地震发生可能性较高的地区，根据建筑物的抗震需要确定剪力墙的厚度。

3.在设计纵墙时，应该结合实际计算结果布置。

4.要注重剪力墙边缘的构造设计。在设计时可在剪力墙边缘配置端柱，进而提高该部位的抗震能力，同时也要根据该部位实际受力情况加强端部与洞口两侧。

(六)防水性的设计

在建筑设计应用过程中，建筑中应用的各个因素会随着不同方面的变化而受到影响，质量问题的出现，对于建筑施工的过程以及使用过程中，人员、财产的安全都将会产生不同程度的威胁。建筑混凝土的使用，需要根据建筑混凝土的应用材料以及应用条件的适应程度进行判断，在一般的建筑中，混凝土的应用需要具有较好的防水性。由于我国各个地区的建筑工程具有不同的防水需求，因此混凝土的应用也存在着区别。在对于防水要求较高的建筑中，混凝土的价格与普通的混凝土相比较高，同时在施工中需要采取的施工方式也存在着区别。在装配式建筑的结构设计中，混凝土的应用需要结合建筑物自身的防水需求进行应用。在高层建筑的应用中，防水的分布要符合多种层次的应用标准。为了使建筑中心部位所具有的防水效力得到提升，这部分的材料需要用具有较好防水效力的防水泡沫棒或者防水胶条，以满足其实际的需求。

任务五 安装施工技术要点

学习内容

学习装配式建筑安装流程及关键节点的技术要点等知识。

具体要求

1. 了解装配式建筑施工流程。
2. 了解装配式建筑施工安装工艺。
3. 了解装配式建筑施工的工艺要求及各项安装指标。

一、安装前准备

装配式混凝土结构的特点之一，就是有大量的现场吊装工作，其施工精度要求高，吊装过程安全隐患较大。因此，在预制构件正式安装前必须做好完善的准备工作，如制定构件安装流程，预制构件、材料、预埋件、临时支撑等应按国家现行有关标准及设计要求且验收合格，并按施工方案、工艺和操作规程的要求做好人、机、料的各项准备，方能确保优质高效安全地完成施工任务。

（一）技术准备

1. 预制构件安装施工前，应编制专项施工方案，并按设计要求对各工况进行施工验算和施工技术交底。

2. 安装施工前，对施工作业工人进行安全作业培训和安全技术交底。

3. 吊装前应合理规划吊装顺序，除满足墙（柱）、叠合板、叠合梁、楼梯、阳台等预制构件的要求外，还应结合施工现场情况，满足先外后内、先低后高的原则。绘制吊装作业流程图，方便吊装机械行走，达到提高经济效益的目的。

（二）人员安排

构件安装是装配式结构施工的重要施工工艺，将影响整个建筑质量安全。因此，施工现场的安装应由专业的产业化工人操作，包括司机、吊装工、信号工等。

1.装配式混凝土结构施工前，施工单位应对管理人员及安装人员进行专项培训和相关交底。

2.施工现场必须选派具有丰富吊装经验的信号指挥人员、挂钩人员，作业人员施工前必须检查身体，对患有不宜高空作业疾病的人员不得安排高空作业。特种作业人员必须经过专门的安全培训，经考核合格，持特种作业操作资格证书上岗。特种作业人员应按规定进行体检和复审。

3.起重吊装作业前，应根据施工组织设计要求划定危险作业区域，在主要施工部位、作业点、危险区都必须设置醒目的警示标志，设专人加强安全警戒，防止无关人员进入。还应视现场作业环境专门设置监护人员，防止高处作业或交叉作业时造成落物伤人事故。

（三）现场条件准备

1.检查构件套筒或预留孔是否堵塞。当套筒、预留孔内有杂物时，应当及时清理干净。用手电筒补光检查，发现有异物时用气体或钢筋将异物清除。

2.将连接部位的浮灰清扫干净。

3.对于柱子、剪力墙板等竖直构件，安好调整标高的支垫（在预埋螺母中旋入螺栓或在设计位置安放金属垫块），准备好斜支撑部件。

4.对于叠合楼板、梁、阳台板、挑檐板等水平构件，要架立好竖向支撑。

5.伸出钢筋采用机械套筒连接时，须在吊装前将伸出钢筋端部套上套筒。

6.外挂墙板安装节点连接部件的准备，如果需要水平牵引，进行牵引葫芦吊点设置、工具准备等。

7.检验预制构件质量和性能是否符合现行国家规范要求，未经检验或不合格的产品不得使用。

8.所有构件吊装前应做好截面控制线，方便吊装过程中调整和检验，有利于质量控制。

9.安装前，复核测量放线及安装定位标志。

(四)机具及材料准备

1.阅读起重机械吊装参数及相关说明(吊装名称、数量、单件质量、安装高度等参数),并检查起重机械性能,以免吊装过程中出现无法吊装或机械损坏停止吊装等现象,杜绝重大安全隐患。

2.安装前应对起重机械设备进行试车检验并调试合格,宜选择具有代表性的构件或单元试安装,并应根据试安装结构及时调整完善施工方案和施工工艺。

3.应根据预制构件形状、尺寸及重量要求选择适宜的吊具。在吊装过程中，吊索水平夹角不宜小于60°,不应小于45°;尺寸较大或形状复杂的预制构件应选择设置分配梁或分配桁架的吊具,并应保证吊车主钩位置、吊具及构件重心在竖直方向重合。

4.准备牵引绳等辅助工具、材料,并确保其完好性,特别是绳索有无破损,吊钩卡环有无问题等。

5.准备好灌浆料、灌浆设备、工具,调试灌浆泵。

二、现浇构件连接

(一)装配式混凝土结构后浇混凝土模板及支撑要求

1.装配式混凝土结构的模板及支撑,应根据施工工程中的各种工况进行设计,应具有足够的承载力和刚度,并应保证其整体稳固性。

装配式混凝土结构的模板与支撑,应根据工程结构形式、预制构件类型、荷载大小、施工设备和材料供应等条件确定。此处所要求的各种工况,应由施工单位根据工程具体情况确定,以确保模板与支撑稳固可靠。

2.模板与支撑安装应保证工程结构的构件各部分形状、尺寸和位置的准确,模板安装应牢固、严密、不漏浆,且应便于钢筋敷设和混凝土浇筑、养护。

3.预制构件接缝处宜采用与预制构件可靠连接的定型模板。定型模板与预制构件之间应粘贴密封条,在混凝土浇筑时节点处模板不应产生明显变形和漏浆。

预制构件宜预留与模板连接用的孔洞、螺栓,预留位置应与模板模数相协调并便于模板安装。预制墙板现浇节点区的模板支设是施工的重点,为了保证节点区模板支设的可靠性,通常采用在预制构件上预留螺母、孔洞等连接方式,施工单位应根据节点区选用的模板形式,将构件预埋与模板固定相协调。

4.模板宜采用水性脱模剂。脱模剂应能有效减小混凝土与模板间的吸附力,并应有一定的成膜强度,且不应影响脱模后混凝土表面的后期装饰。

5.模板与支撑安装。

(1)安装预制墙板、预制柱等竖向构件时,应采用可调斜支撑临时固定;斜支撑的位置应避免与模板支架、相邻支撑冲突。

(2)夹心保温外墙板竖缝采用后浇混凝土连接时,宜采用工具式定型模板支撑,并应符合下列规定:①定型模板应通过螺栓或预留孔洞拉结的方式与预制构件可靠连接;②定型模板安装应避免遮挡预制墙板下部灌浆预留孔洞;③夹芯墙板的外叶板应采用螺栓拉结或夹板等加强固定;④墙板接缝部位及与定型模板连接处均应采取可靠的密封防漏浆措施;⑤对夹心保温外墙板拼接竖缝节点后浇混凝土采用定型模板,通过在模板与预制构件、预制构件与预制构件之间采取可靠的密封防漏措施,达到后浇混凝土与预制混凝土相接表面平整度符合验收要求。

(3)采用预制保温作为免拆除外墙模板进行支模时,预制外墙模板的尺寸参数及与相邻外墙板之间拼缝宽度应符合设计要求。安装时与内侧模板或相邻构件应连接牢固,并采取可靠的密封防漏浆措施。预制梁柱节点区域后浇筑混凝土部分采用定型模板支模时,宜采用螺栓与预制构件可靠连接固定,模板与预制构件之间应采取可靠的密封防漏浆措施。

当采用预制外墙模板时,应符合建筑与结构设计的要求,以保证预制外墙板符合外墙装饰要求,并在使用过程中结构安全可靠。预制外墙模板与相邻预制构件安装定位后,为防止浇筑混凝土时漏浆,需要采取有效的密封措施。

6.模板与支撑拆除。

(1)模板拆除时,可采取先拆非承重模板、后拆承重模板的顺序。水平结构模板应由跨中向两端拆除,竖向结构模板应自上而下进行拆除;多个楼层间连续支模的底层支架拆除时间,应根据连续支模的楼层间荷载分配和后浇混凝土强度的增长情况确定;当后浇混凝土强度能保证构件表面及棱角不受损伤时,方可拆除侧模模板。

(2)叠合构件的后浇混凝土同条件立方体抗压强度达到设计要求时,方可拆除龙骨及下一层支撑。

(3)预制墙板斜支撑和限位装置,应在连接节点和连接接缝部位后浇混凝土或灌浆料强度达到设计要求后拆除;当设计无具体要求时,后浇混凝土或灌浆料应达到设计强度的75%以上方可拆除。

(4)预制柱斜支撑应在预制柱与连接节点部位后浇混凝土或灌浆料强度达到设计要求,且上部构件吊装完成后进行拆除。

(5)拆除的模板和支撑应分散堆放并及时清运,应采取措施避免施工集中堆载。

（二）装配整体式混凝土结构后浇混凝土的钢筋要求

1. 钢筋连接

（1）预制构件的钢筋连接，可选用钢筋套筒灌浆连接接头。采用直螺纹钢筋灌浆套筒时，钢筋的直螺纹连接部分应符合现行行业标准《钢筋机械连接技术规程》（JGI 107—2016）的规定；钢筋套筒灌浆连接部分应符合设计要求及建筑工业行业标准《钢筋连接用灌浆套筒》（JG/T 398—2012）和《钢筋连接用套筒灌浆料》（JG/T 408—2013）的规定。

（2）钢筋连接如果采用钢筋焊接连接，接头应符合现行行业标准《钢筋焊接及验收规程》（JGJ 18—2012）的有关规定；如果采用钢筋机械连接，接头应符合现行行业标准《钢筋机械连接技术规程》（JGJ 107—2016）的有关规定，机械连接接头部位的混凝土保护层厚度宜符合现行国家标准《混凝土结构设计规范》（GB 50010—2010）（2015年版）中受力钢筋的混凝土保护层最小厚度规定，且不得小于15 mm；接头之间的横向净距不宜小于25 mm；当钢筋采用弯钩或机械锚固措施时，钢筋锚固端的锚固长度应符合现行国家标准《混凝土结构设计规范》（GB 50010—2010）（2015年版）的有关规定；采用钢筋锚固板时，应符合现行行业标准《钢筋锚固板应用技术规程》（JGJ 256—2011）的有关规定。

2. 钢筋定位

（1）装配整体式混凝土结构后浇混凝土内的连接钢筋应埋设准确，连接与锚固方式应符合设计要求和现行有关技术标准的规定。

（2）构件连接处钢筋位置应符合设计要求。当设计无具体要求时，应保证主要受力构件和构件中主要受力方向的钢筋位置，并应符合下列规定：①框架节点处，梁纵向受力钢筋宜置于柱纵向钢筋内侧；②当主次梁底部标高相同时，次梁下部钢筋应放在主梁下部钢筋之上；③剪力墙中水平分布钢筋宜置于竖向钢筋外侧，并在墙端弯折锚固。

（3）钢筋套筒灌浆连接接头的预留钢筋，应采用专用模具进行定位，并应符合下列规定：①定位钢筋中心位置存在细微偏差时，宜采用钢套管方式进行细微调整；②定位钢筋中心位置存在严重偏差影响预制构件安装时，应按设计单位确认的技术方案处理；③应采用可靠的绑扎固定措施，对连接钢筋的外露长度进行控制。

预留钢筋定位精度对预制构件的安装有重要影响，因此对预埋于现浇混凝土内的预留钢筋，采用专用定型钢模具对其中心位置进行控制，采用可靠的绑扎固定措施对连接钢筋的外露长度进行控制。

（4）预制构件的外露钢筋应防止弯曲变形，并在预制构件吊装完成后，对其位置进行校核与调整。

(三)装配整体式混凝土结构后浇混凝土要求

1.装配整体式混凝土结构施工应采用预拌混凝土。预拌混凝土应符合现行相关标准的规定。

2.装配整体式混凝土结构施工中的结合部位或接缝处混凝土的工作性,应符合设计施工规定;当采用自密实混凝土时,应符合现行相关标准的规定。

浇筑混凝土过程中应按规定见证取样留置混凝土试件。同一配合比的混凝土,每工作班且建筑面积不超过1000 m^2应制作1组标准养护试件,同一楼层应制作不少于3组标准养护试件。

3.装配整体式混凝土结构工程,在浇筑混凝土前应进行隐蔽项目的现场检查与验收。

4.连接接缝混凝土应连续浇筑,竖向连接接缝可逐层浇筑,混凝土分层浇筑高度应符合现行规范要求;浇筑时应采取保证混凝土浇筑密实的措施;同一连接接缝的混凝土应连续浇筑,并应在底层混凝土初凝之前将上一层混凝土浇筑完毕;预制构件连接节点和连接接缝部位的混凝土应加密振捣点,并适当延长振捣时间;预制构件连接处混凝土浇筑和振捣时,应对模板和支架进行观察和维护,发生异常情况应及时进行处理;构件接缝混凝土浇筑和振捣时应采取措施防止模板、相连接构件、钢筋、预埋件及其定位件的移位。

5.混凝土浇筑完毕后,应按施工技术方案要求及时采取有效的养护措施,并应符合下列规定。

(1)应在浇筑完毕后的12小时以内对混凝土加以覆盖并养护。

(2)浇水次数应能保持混凝土处于湿润状态。

(3)采用塑料薄膜覆盖养护的混凝土,其敞露的全部表面应覆盖严密,并应保持塑料薄膜内有凝结水。

(4)叠合层及构件连接处后浇混凝土的养护时间不应少于14天。

(5)混凝土强度达到1.2 MPa前,不得在其上踩踏或安装模板及支架。

注:叠合层及构件连接处混凝土浇筑完成后,可采取洒水、覆膜、喷涂养护剂等养护方式,为保证后浇混凝土的质量,规定养护时间不应少于14天。

6.混凝土冬期施工应按现行规范《混凝土结构工程施工规范》(GB 50666—2011)、《建筑工程冬期施工规程》(JGJ/T 104—2011)的相关规定执行。

(四)后浇带施工

装配整体式混凝土结构竖向构件安装完成后,应及时穿插进行边缘构件后浇带的钢筋和模板施工,并完成后浇混凝土施工。安装完成后等待后浇混凝土的预制墙板,如图3-26所示。

图3-26 安装完成后等待后浇混凝土的预制墙板

1.钢筋施工

预制墙板连接部位宜先校正水平连接钢筋,后安装箍筋套,待墙体竖向钢筋连接完成后,绑扎箍筋,连接部位加密区的箍筋宜采用封闭箍筋;装配整体式混凝土结构后浇混凝土节点间的钢筋施工,除满足本任务前面的相关规定外,还需要注意以下问题。

(1)后浇混凝土节点间的钢筋安装做法受操作顺序和空间的限制,与常规做法有很大的不同,必须在符合相关规范要求的同时顺应装配整体式混凝土结构施工的要求。

(2)装配混凝土结构预制墙板间竖缝(墙板间混凝土后浇带)的钢筋安装做法,按《装配式混凝土结构技术规程》(JGJ 1—2014)的要求"……约束边缘构件……宜全部采用后浇混凝土,并且应在后浇段内设置封闭箍筋"。

按《装配式混凝土结构连接节点构造》(G 310—1～2)中预制墙板间构件竖缝有加附加连接钢筋的做法,如果竖向分布钢筋按搭接做法预留,封闭箍筋或附加连接(也是封闭)钢筋均无法安装,只能用开口箍筋代替。

2.模板安装

墙板间混凝土后浇带连接宜采用工具式定型模板支撑,除应满足本任务前面的相关规定外,还应符合下列规定:定型模板应通过螺栓(预置内螺母)或预留孔洞拉结的方式与预制构件可靠连接;定型模板安装,应避免遮挡预制墙板下部灌浆预留孔洞;夹芯墙板的外叶板,应采用螺栓拉结或夹板等加强固定;墙板接缝部位及与定型模板连接处,均应采取可靠的密封防漏浆措施。

采用预制保温作为免拆除外墙模板(PCF)进行支模时,预制外墙模板的尺寸参数及与相邻外墙板之间拼缝宽度应符合设计要求。安装时与内侧模板或相邻构件应连接牢固,并采取可靠的密封防漏浆措施。

3.后浇带混凝土施工

后浇带混凝土的浇筑与养护,参照本任务前面的相关规定执行。对预制墙板斜支撑和限位装置,应在连接节点和连接接缝部位后浇混凝土或灌浆料强度达到设计要求后拆除;当设计无具体要求时,后浇混凝土或灌浆料应达到设计强度的75%以上方可拆除。

课后习题

1.常见的装配式混凝土建筑结构有哪些?

2.装配整体式混凝土框架结构的特点有哪些?

3.装配式建筑总平面图设计时需考虑哪些方面?

4.装配式建筑结构设计需要注意哪些方面?

5.安装施工流程有哪些?

项目四　装配式建筑内装

项目描述

装配式内装是装配式建筑的重要组成部分，是一种以工厂化部件应用、装配式施工建造为主要特征的装修方式。其本质是以部件化的方式解决传统装修质量问题，以提升品质和效率，同时减少人工和资源能源消耗为核心目标。从深层含义来讲，装配式内装是为适应当前行业发展形势的一种高品质内装。推广装配式内装势在必行。

任务一　集成式卫生间施工

学习内容

集成式卫生间采用一体化设计，将住宅内部所有构件进行模数化分解，采用AB工法，即将现场湿作业部分和干法施工部分进行有效分离，降低现场作业的比例，所有装修物料在工厂进行预制生产，形成标准化、通用化的部件，准时、准量、准规格配送到现场进行装配式施工，实现了住宅装修部件的标准化、模块化、产业化和通用化，解决了传统住宅装修的诸多矛盾和问题。

具体要求

1. 了解集成式卫生间部件进场检验及存放。
2. 了解集成式卫生间安装与连接工艺流程。

3. 了解集成式卫生间质量检验、验收及成品保护。

一、集成式卫生间简介

集成式卫生间由工厂生产的楼地面、顶棚、墙板和洁具设备及管线等集成，并主要采用干式工法装配完成的卫生间（如图4-1所示），整体式卫生间，也称为模块化预制卫生间（Modular Prefab Bathroom Pods，简称POD），它是在工厂化组装控制条件下，遵照给定的设计和技术要求进行精准生产，在质量和成本上达到最优控制。一套成型的集成式卫生间产品包括顶板、壁板、防水底盘等外框架结构，也包括卫浴间内部的五金、洁具、瓷砖、照明以及水电风系统等内部组件，可以根据使用需要装配在酒店、住宅、医院等环境中，为"即插即用"的成型产品。

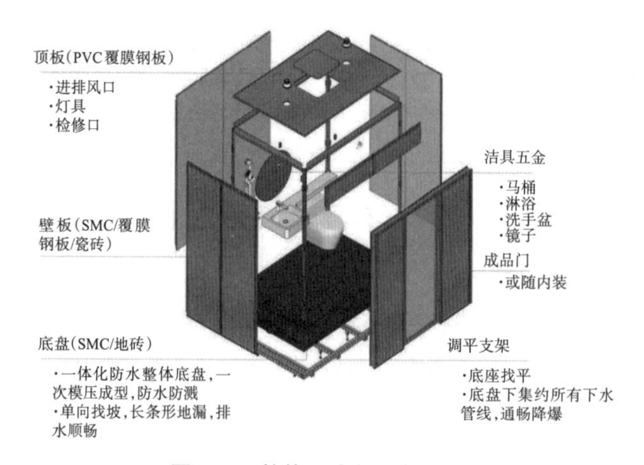

图4-1 整体卫生间分解示意

二、部件进场检验及存放

（一）部件进场检验

进入现场的部件应具有出厂合格证及相关质量证明文件，产品质量应符合设计及相关技术标准要求。每个产品应进行进场检验，检验项目均符合相应要求，判定该产品为合格；如出厂检验项目中某项不合格，允许采取补救措施，补救后仍不符合要求，判定该产品为不合格。其主要检查内容如下：

1. 一般要求

整体卫浴间设计应方便使用、维修和安装；整体浴室内空间尺寸偏差允许为±5 mm；壁板、顶板、防水地盘材质的氧指数不应低于32；壁板、顶板的平直度和垂直度公差应符合图样及技术文件的规定；门用铝型材等复合材料或其他防水材质制作；洗浴可供应冷水和热水，并有淋浴器；便器应用节水型；洗面器可供冷水和热水，并备有镜子。整体卫浴间应能通风换气；整体浴室有在应急时可从外面开启的门；坐便器及洗面器应排水通畅，不渗漏，产品应自带存水弯或配有专用存水弯，水封深度至少为50 mm；整体卫浴间应便于清洗，清洗后地面不积水；严寒地区、寒冷地区应考虑采暖设施，冬冷夏热地区宜考虑采暖设施。装配式构件的允许尺寸偏差及检验方法，应符合如表4-1所示的规定。

表4-1　装配式构件的允许尺寸偏差及检验方法

项目		允许偏差(mm)	检验方法
长度、宽度	顶板	±1	尺量检查
	壁板	±1	
	防水盘	±1	
对角线差	顶板、壁板、防水盘	1	尺量检查
表面平整度	顶板	3	2 m靠尺和塞尺检查
	壁板	2	
	瓷砖饰面防水盘	2	
接缝高低差	瓷砖饰面壁板	0.5	钢尺和塞尺检查
	瓷砖饰面防水盘	0.5	钢尺和塞尺检查
预留孔	中心线位置	3	尺量检查
	孔尺寸	±2	尺量检查

2.构配件

(1)浴缸：玻璃纤维增强塑料浴缸应符合《玻璃纤维增强塑料浴缸》(JC/T 779—2010)的规定，FRP浴缸、丙烯酸浴缸应符合《住宅浴缸和淋浴底盘用浇铸丙烯酸板材》(JC/T 858—2000)的规定，搪瓷浴缸应符合《搪瓷浴缸》(QB/T 2664—2004)的规定。浴缸宜配有侧板，并可与整体卫浴间固定。

(2)卫生洁具：洗面器、淋浴器、坐便器及低水箱等陶瓷制品应符合《卫生陶瓷》(GB/T 6952—2015)的规定，也可采用玻璃纤维增强塑料或人造石制作，并应符合相应的标准，坐便洁身器应符合《坐便洁身器》(JG/T 285—2010)的规定。

(3)卫生洁具配件：包括浴盆水嘴、洗面器水嘴、低水配件及排水配件。浴盆水嘴应符合《浴盆及淋浴喷嘴》(JC/T 760—2008)的规定，洗面器水嘴应符合《面盆水嘴》(JC/T 758—2008)的规定，水箱配件应符合《卫生洁具铜排水配件通用技术条件》(JC/T 761—1996)和《卫生洁具铜排水配件结构形式和连接尺寸》(JC/T 762—1996)的规定，排水配件也可采用耐腐蚀的塑料制品、铝制品等，且应符合相应的标准。

(4)管道、管件及接口：整体卫生间内用管道、管件应不易锈蚀，并应符合相应的标准；管道与管件接口应相互匹配，连接方式应安全可靠，并无渗漏；管道与管件应定位、定尺设计，施工误差精度为±5 mm；预留安装坐便洁身器的给水接口、电话门应符合相关标准的要求；排水管道布置宜采用同层排水方式，并应为隐蔽工程。

（5）电器：包括照明灯、换气扇、烘干器及门锁等配件，应采用防水、不易生锈的材料，并应符合相应的标准或技术文件的规定。

（6）其他配件：包括毛巾架、浴帘杆、手纸盒、肥皂盒、镜子及门锁等配件，应采用防水、不易生锈的材料，并应符合相应的标准及技术文件的规定。

3.构造

整体卫浴间应有顶板、壁板、防水盘和门；易锈金属不应外露在整体卫浴间内；与水直接接触的木器应作防水处理；整体卫浴间地面应安装地漏，并应防滑和便于清洗，地漏必须具备存水弯。水封深度不应小于50 mm；构件、配件的结构应便于保养、检查、维修和更换；电器及线路不应漏电，电源插座宜设置独立回路，所有裸露的金属管线应以导体相互连接并留有对外连接的PE线的接线端子；无外窗的卫生间应有防回流构造的排气通风道，并预留安装排气机械的位置和条件；组成整体上卫浴间的主要构件、配件应符合有关标准、规范的规定。

4.外观

玻璃纤维增强塑料制品表面应光洁平整，颜色均匀、无龟裂、无气泡且无玻璃纤维外露；玻璃纤维增强塑料颜色基本色调为象牙白和灰白；金属配件外观应满足表面加工良好，无裂纹、无伤痕、无气孔等，且表面光滑，无毛刺；锁层无剥落或颜色不均匀等现象；金属配件应作防锈处理。其他材料无明显缺陷和无毒无味。

5.整体卫浴间性能指标

整体卫浴间性能指标如表4-2所示。

表4-2　卫浴间性能指标一览表

检测项目		部位	性能
通电		电气设备	工作正常、安全、无漏电
光照度（lx）		整体浴室内	>70
		洗面盆上方处	>150
耐湿热性		玻璃纤维增强塑料制品	表面无裂纹、无气泡、无剥落、无明显变色
电绝缘	绝缘电阻（MΩ）	带电部位与金属配件之间	>5
	耐电压	电器设备	施加1500 V电压，1分钟后无击穿和烧焦情况

续表

检测项目		部位	性能
强度	耐砂袋冲击	壁板、防水盘	无裂纹、剥落、破损
	挠度/mm	顶板	<7
		壁板、防水盘	<7
		防水盘	<3
连接部位密封性		壁板与壁板、壁板与顶板、壁板与防水盘连接处	试验后无漏水和渗漏
配管检漏		给水管、排水管	无渗漏

（二）现场存放

现场临时堆放点应尽量安排集成式卫生间到场的批次、数量与现场吊装就位的施工进度互相匹配，避免大批量成品的堆积。认真规划临时堆放点，堆放点位置应尽量布置在塔式起重机的吊装范围内，避免场内二次运输作业。集成式卫生间的成品保护临时存放点应重点考虑如下几点。

1.存放场地的吊装平台长、宽，应充分考虑集成式卫生间的尺寸，且地面吊装平台前放置集装箱的场地进行地面平整、硬化，并有排水措施。

2.预埋吊点应朝上，标志宜醒目且方便识别，部件之间应考虑转运及吊装操作所需空间。

3.构件支垫应坚实，垫块在构件下的位置宜与脱模、吊装时的起吊位置一致。

4.为避免卫生间的变形损坏，要求堆放地面平整，不得有凹凸现象，并放置长条方木，一方面避免积水浸泡，另一方面方便叉车叉取。

三、安装与连接

安装工艺流程，如图4-2所示。

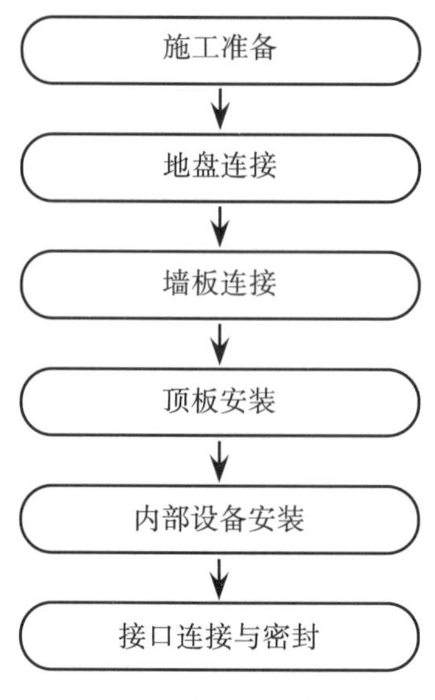

图4-2　安装工艺流程

(一)施工准备

1. 施工测量

(1)根据工程现场设置的测量控制网及高程控制网,利用经纬仪或全站仪定出建筑物的四条控制轴线,将轴线的相交点作为控制点,如图4-3所示。

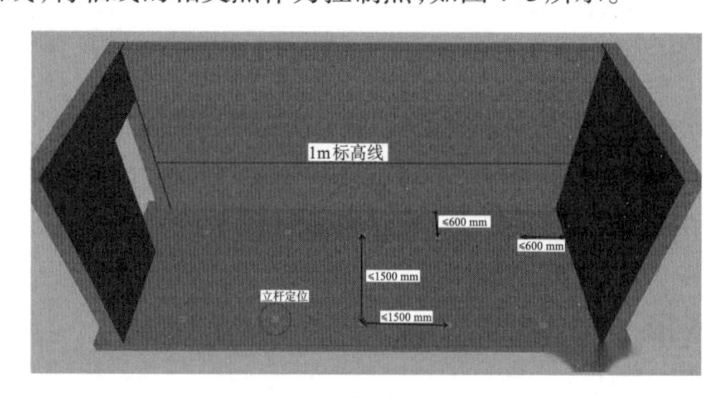

图4-3　测量放线示意图

(2)依据统一测定的装饰、装修阶段轴线控制线和建筑标高+50 cm线,引测至卫生间内,测定十字控制线并弹于地面和墙面上,按顶棚标高弹出吊顶完成面线和再上量200 mm弹上设备管线安装最低控制线,以此作为控制机电各专业管线安装和甩口的基准。

2. 吊装器具

在部件生产过程中留置内吊装杆及吊点,现场采用专用吊钩与吊装绳连接。吊装及转运部件工具如图4-4所示,并对主要吊装用机械器具进行检查,确认其必要数量及安全性。

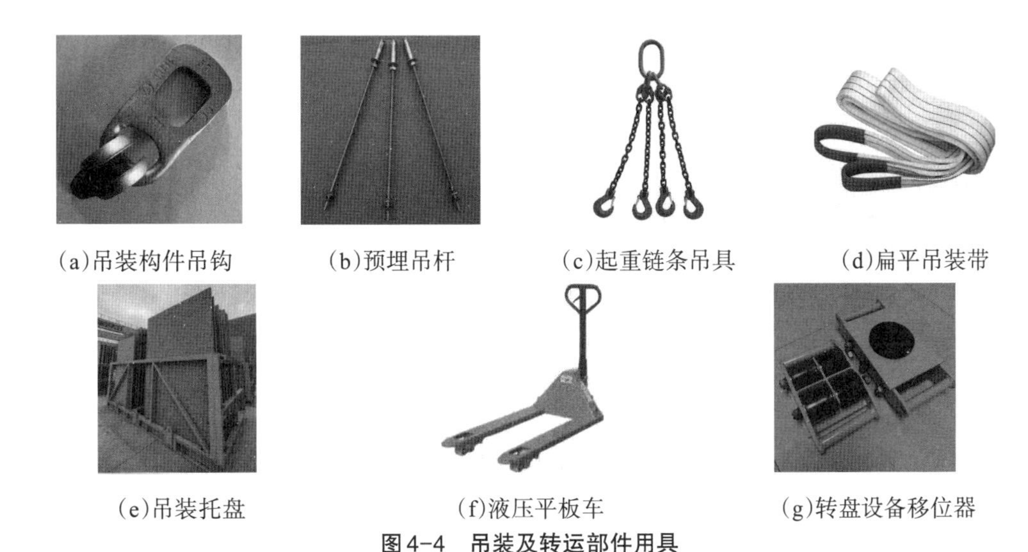

(a)吊装构件吊钩　(b)预埋吊杆　(c)起重链条吊具　(d)扁平吊装带

(e)吊装托盘　(f)液压平板车　(g)转盘设备移位器

图4-4 吊装及转运部件用具

3. 吊装准备

预制部件运抵达施工现场后,即需进行吊装作业。由于起吊设备、安装与制作状态、作业环境不同,需要重新确定起吊点位置及选择起吊方式。

(1)须将起吊点设置于部件重心部位,避免部件吊装过程中由于自身受力状态不平衡而导致旋转问题。

(2)当部件生产状态与安装状态构件姿态一致时,尽可能地将施工起吊点与部件生产脱模起吊点相统一。

(3)当部件生产状态与安装姿态不一致时,尽可能将脱模用起吊点设置于安装后不影响观感部位,并加工成容易移除的方式,避免对部件观感造成影响。

(4)考虑安装起吊时可能存在部件由于吊装受力状态与安装受力状态不一致而导致不合理受力开裂损坏问题,设置吊装临时加固措施,避免由于吊装而造成损坏。应根据部件形状、尺寸及重量要求选择适宜的吊具。在吊装过程中,吊索水平夹角不应小于45°,保证吊车主钩位置、吊具及部件重心在竖直方向重合。

(二)基础验收

整体卫生间,外饰墙体为轻质隔墙,整体卫浴需在轻质隔墙墙板封板之前进行安装。整体浴室安装前应具备以下条件:

1. 二次砌筑、轻钢龙骨轻质隔墙及地面找平、防水完毕。

2. 墙体电气配管及电位甩点安装完毕,顶部线盒按整体卫浴型号要求安装完毕。

3. 排风管、给水排水甩口完毕,甩口位置、高度、阀门安装部位应按整体浴室型号要求安装完毕。

(三)基础找平

标高定位。根据标高图纸,在降板四角及中心放置灰饼作为POD标高控制,中心灰饼标高比四周灰饼标高低1/16″(1.5 mm),如图4-5所示。

(a)灰饼

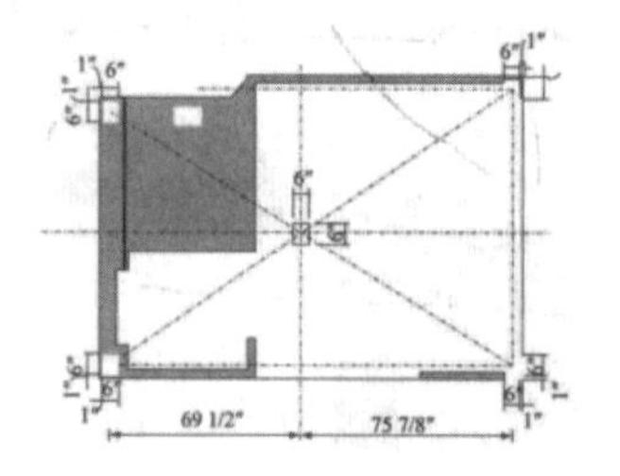

(b)灰饼布置示意

图4-5 灰饼示意

(四)安装施工

整体浴室部件根据墙板材料及结构方式不同,安装略有区别。但基本流程可归结为底盘安装、墙板连接、顶板安装、内部设备安装等几个环节,具体情况如图4-6所示。

(1)排水管安装:安装下水口、坐桶排污管及给水系统管架,检查预留排水管的位置和标高是否准确;清理卫生间内排污管道杂物,进行试水确保排污排水通畅。

(2)底盘安装:采用同层排水方式,整体卫生间门洞应与其外围合墙体门洞平行对正,底盘边缘与对应卫生间墙体平行;采用异层排水方式,同时应保证地漏孔和排污孔、洗面台排污孔与楼面预留孔一一对正;用专用扳手调节地脚螺栓,调整底盘的高度及水平;保证底盘完全落实,无异响现象。

(a)摆放SMC地板,安装脚架,底座与SMC地板连接

(b)墙板的安装与调整

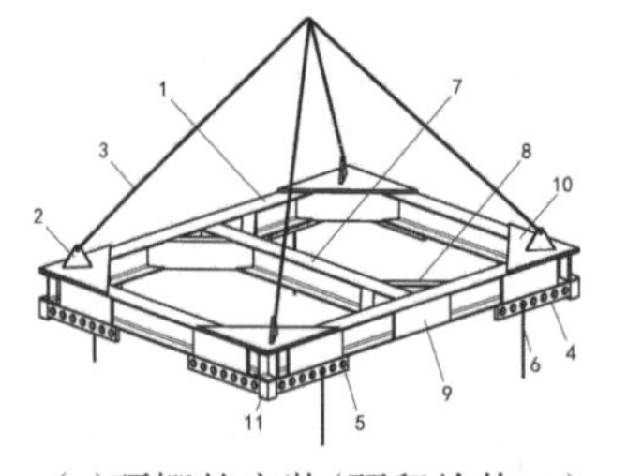

(c)顶棚的安装(预留检修口)

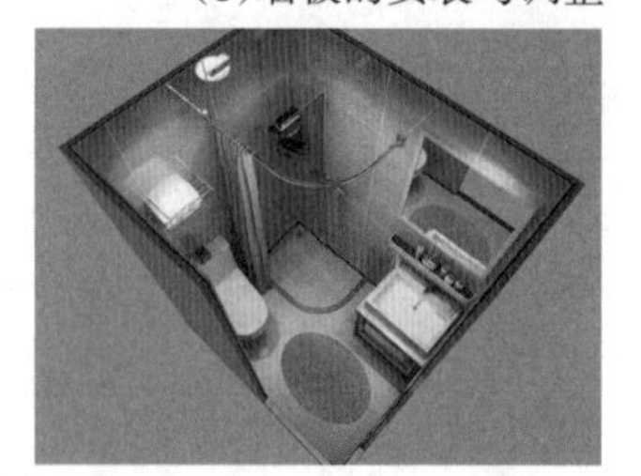

(d)零部件的安装与密封

图4-6 拼接式卫生间安装

(3)墙板安装:按安装壁板背后编号依次用连接件和锁锌栓进行连接固定,注意保护墙板表面;在底盘边缘上立4块墙板,将接缝处卡子打紧,并在各接缝处用密封胶嵌实;壁板拼接面应平整,缝隙为自然缝,壁板与底盘结合处缝隙均匀,误差不大于2 mm;壁板安装应保证壁板转角处缝隙、排水盘角中心点两边空隙均等,以利于压条的安装。

(4)顶板及其余零件的安装:安装顶板前,应将顶板上端的灰尘、杂物清除干净;采用内装法安装顶板时,应通过顶板检修口进行安装;顶板与顶板、顶板与壁板间安装应平整,缝隙要小而均匀;然后把顶板缝用塑料条封好,最后安装门口、门窗,用螺栓紧固。

(5)按图纸设计要求摆放卫生设备。给水管安装:沿壁板外侧固定给水管时,应安装管卡固定;应按整体卫生间各给水管接头位置,预先在壁板上开好管道接头的安装孔;使用热熔管时,应保证所熔接的两个管材或配管对准。电气设备安装:将卫生间预留的每组电源进线分别通过开关控制,接入接线端子对应位置;不同用电装置的电源线应分别穿入走线槽或电线管内,并固定在顶板上端,其分布应有利于检修;各用电装置的开关应单独控制。

(五)接口连接

1.各种卫生器具石面、墙面、地面等接触部位使用硅酮胶或防水密封条密封。

2.底盘、龙骨、壁板、门窗的安装均使用螺栓连接,顶盖与壁板使用连接件连接。

3.底盘底部地漏管与排污管使用胶水连接,在底盘面上完成地漏和排污管法兰安装。

4.定制的洁具、电气与五金件等采用螺栓与底盘、壁板连接。给水排水管与预留管道连接,使用专用接头、胶水黏结。

5.台下盆须提前安装在人造石台面预留洞口位置,采用云石胶黏结牢固、接缝打防霉密封胶。水槽与台面连接方式如图4-7所示。

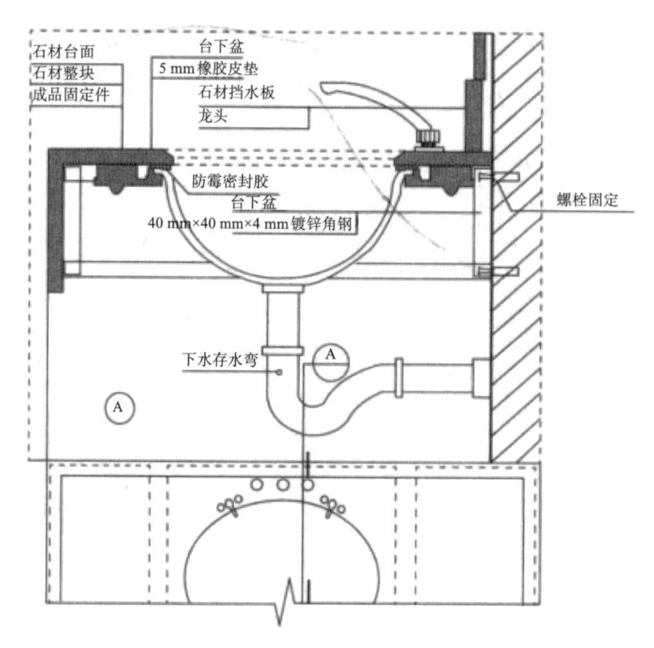

图4-7 水槽与台面连接示意

(六)接缝处理

1. 完成集成式卫生间与建筑结构主体风、水、电系统管线的接驳后，经验收合格方对整体式卫生间底板与降板槽缝隙进行灌浆。

2. 所有板、壁接缝处打密封胶。

3. 螺栓连接处使用专用螺母覆盖，外圈打密封胶。

4. 底板与墙板、墙板与墙板之间及顶板之间均用特制钢卡子连接。

四、质量检验、验收及成品保护

(一)质量检验

1. 整体式卫生间安装质量检验

整体厨房安装就位完成后，及时对水平定位及标高进行测量：POD安装水平定位尺寸不得超过8 mm；标高允许偏差控制在4 mm；垂直度允许偏差为5 mm；安装完成后与墙板接缝宽度、中心线位置允许偏差±5 mm。整体卫生间安装的允许偏差和检验方法应符合如表4-3所示的规定。

表4-3 整体卫生间安装的允许偏差和检验方法一览表

项目	允许偏差/mm			检验方法
	防水盘	壁板	顶板	
阴阳角方正	–	2	–	用200 mm直角检测尺检查
立面垂直度	–	2	–	用2 m垂直检测尺检查
表面平整度	–	2	3	用2 m靠尺和塞尺检查
缝格、凹槽顺直	1	1	1	拉通线,用钢直尺检查
接缝直线度	1	1	1	拉通线,用钢直尺检查
接缝高低差	0.5	0.5	1	用钢直尺和塞尺检查
接缝宽度	0.5	0.5	0.5	用钢直尺检查

注:仅瓷砖饰面的防水盘需进行检查。

2.拼接式卫生间安装质量检验

拼接式卫生间部件质量要求如表4-4所示。

表4-4 部件质量检验要求表

部件	内容	质量要求与标准
底盘	干、湿区地漏、面盆排水管	去孔周边毛刺,清理灰尘,拧紧,排水管PVC胶涂抹均匀饱满
	底盘调整水平	安装水平稳固、无空响、损伤、积水、平板底盘排水坡度为10%
墙板	墙板与墙板加强筋	表面平整,上下平齐,墙板拼接缝隙1 mm,安装螺钉间距为250~300 mm
	冷、热给水管,管夹	管夹间距为500 mm,水管上热下冷、横平竖直
	墙板、冷热给水管	墙板连接件插入到位,阴、阳角为90°组装缝隙≤1 mm,表面平整、垂直
	门上加高墙板	墙板表面与门框内表面平齐。墙板两端头与门框竖边平齐,平整度≤1 mm
	平开门	门框水平垂直,垂直度误差≤1 mm,门开关无异响,门叶四周间隙均匀
	墙板固定夹	固定夹间距为600 mm。每边单块墙板要求安装2个,墙板与底盘挡水边沿平齐稳固
顶棚	测量出顶棚内空尺寸与顶棚底盘内空尺寸一致	内空尺寸与底盘内空尺寸一致,误差≤1 mm
	顶棚	表面平整垂直,拼接缝隙小,平整度误差≤1 mm

(二)成品保护

金属面板应使用软布以中性清洁剂进行清洁,再用较干的抹布以清水抹净;灌水试验完成后,清理作业垃圾,用塑料保护膜覆盖整体卫生间,并对安装成品采用包裹、覆盖、贴膜等可靠措施进行封存保护。

（三）质量验收

1.一般要求

（1）整体卫生间施工质量验收应符合现行国家标准《建筑工程施工质量验收统一标准》（GB 50300—2013）、《建筑地面工程施工质量验收规范》（GB 50209—2010）、《建筑装饰装修工程质量验收规范》（GB 50210—2018）、《建筑给水排水及采暖工程施工质量验收规范》（GB 50242—2002）、《通风与空调工程施工质量验收规范》（GB 50243—2016）、《建筑电气工程施工质量验收规范》（GB 50303—2015）、《住宅装饰装修工程施工规范》（GB 50327—2001）等相关标准的规定。

（2）整体卫生间验收时应检查下列文件和记录：整体卫生间的施工图、设计说明及其他设计文件；材料的产品合格证书、性能检验报告、进场验收记录；隐蔽工程验收记录应附影像记录，并应按规定格式填写施工记录。

（3）整体卫生间应对下列隐蔽工程项目进行验收：顶板之上、壁板之后的管线、设备的安装及水管试压、风管严密性检验；排水管的连接；壁板与整体卫生间外围合墙体之间填充材料的设置。

2.主控项目

（1）整体卫生间内部尺寸、功能应符合设计要求。

检验方法：观察；尺量检查；检查自检记录。

（2）整体卫生间面层材料的材质、品种、规格、图案、颜色和功能应符合设计要求。整体卫生间及其配件性能，应符合现行行业标准《住宅整体卫浴间》（JG/T 183—2011）的规定。

检验方法：观察；检查产品合格证书、性能检验报告、进场验收记录。

（3）整体卫生间的防水底盘、壁板和顶板的安装应牢固。

检验方法：观察；手扳检查；检查隐蔽工程验收记录、施工记录及影像记录。

（4）整体卫生间所用金属型材、支撑构件应经过表面防腐处理。

检验方法：观察；检查产品合格证书等。

3.基本项目

（1）整体卫生间防水盘、壁板和顶板的面层材料表面应洁净、色泽一致，不得有翘曲、裂缝及缺损现象。压条应平直、宽窄一致。

检验方法：观察；尺量检查。

（2）整体卫生间内的灯具、风口、检修口等设备设施的位置应合理，与面板的交接应吻合、严密。

检验方法:观察。

(3)整体卫生间壁板与外围墙体之间填充吸声材料的品种和铺设厚度,应符合设计要求,并应有防散落措施。

检验方法:检查隐蔽工程验收记录、施工记录及影像记录。

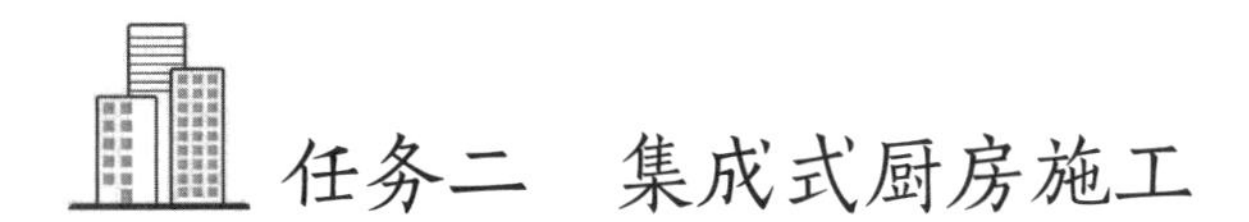

任务二 集成式厨房施工

学习内容

集成式厨房从设计环节的模块化和集成化,生产环节的整体化和建筑安装环节的标准化方面,对厨房的功能分区、管线协调以及整体装配工艺做出了根本性改变。装配式整体厨房与建筑主体结构、各类设施设备管线等的设计、施工同步考虑实施,能够实现标准化、工业化、配套化的装配式安装,是装配式内装体系中较为重要的一环,而住宅装配式内装相关的设计、建造技术也是推动我国住宅产业现代发展的重要手段和抓手。

具体要求

1. 了解集成式厨房部件进场检验与存放方法。

2. 了解集成式厨房安装与连接工艺流程。

3. 了解集成式厨房质量检验、验收及成品保护。

一、集成式厨房简介

集成式整体厨房,是由工厂生产的楼地面、顶棚、墙面、厨柜、厨房设备及管线等集成并主要采用干式工法装配完成的厨房。它是将厨房部件(设备、电器等)以厨柜为载体,将燃气具、电器、用品、柜内配件依据相关标准,科学合理地形成空间布局最优、劳动强度最小,并逐步实现操作智能化和实用化的集成化厨房(如图4-8所示)。它是以住宅部件集成化的思想与技术为原则,来制定住宅厨房设计、生产与安装配套,使住宅部件从简单的分项组合上升到模块化集成,最终实现住宅厨房的商品化供应和专业化组装服务。

图4-8　集成式厨房

厨房部件集成的前提是住宅的各部件尺寸协调统一，即遵循统一的模数制原则，模数是装配式整体厨房标准化、产业化的基础，是厨房与建筑一体化的核心。模数协调的目的是使建筑空间与整体厨房的装配相吻合，使厨柜单元及电器单元具有配套性、通用性、互换性，是厨柜单元及电器单元装入、重组、更换的最基本保证。因此，建筑空间要满足厨柜模数尺寸系列表和厨柜安装环境的要求，厨柜、电器、机具及相关设施要满足产品模数。

二、部件进场检验及存放

(一)部件进场检验

进入现场的部件应具有出厂合格证及相关质量证明文件，产品质量应符合设计及相关技术标准要求。集成式厨房的外观质量不应有严重缺陷，且不宜有一般缺陷。对已出现的一般缺陷应按技术方案进行处理，并应重新检查，主要检查项目如下：

1.材料

(1)柜体使用的人造板材料应符合相应标准的规定；台面板可选用人造板、天然石、人造石等材料制作，人造石应符合《人造石》(JC/T 908—2013)的规定。

(2)产品使用的木质材料，应符合《木家具通用技术条件》(GB/T 3324—2017)中第5.3条的规定。

(3)产品使用的各种覆面材料、五金件、管线、厨柜专用配件等,均应符合相关标准或图样及技术文件的要求。

2.外观

(1)人造板台面和柜体表面应光滑,光泽良好,无凹陷、鼓泡、压痕、麻点、裂痕、划伤和磕碰伤等缺陷,同一色号的不同柜体颜色应无明显差异。

(2)石材台面不得有隐伤、风化等缺陷,表面应平整,棱角应倒圆,磨光面不应有划痕,不用带有直径超过2 mm的砂眼。

(3)玻璃门板、隔板不应有裂纹、缺陷、气泡、划伤、砂粒、疤痕和麻点等缺陷,无框玻璃门周边应磨边处理,玻璃厚度不应小于5 mm,且厚薄应均匀,玻璃与柜的连接应牢固。

(4)电锁件锁层应均匀,不应有麻点、脱皮、白雾、泛黄、黑斑、烧焦、露底、龟裂、锈蚀等缺陷,外表面应光泽均匀,抛光面应圆滑,不应有毛刺、划痕和磕碰伤等。

(5)焊接部位应牢固,焊缝均匀,结合部位无飞溅和未焊透、裂纹等缺陷。转篮、拉篮等产品表面应平整,无焊接变形,钢丝间隔均匀,端部等高,无毛刺和锐棱。

(6)喷涂件的表面组织细密,涂层牢固、光滑均匀,色泽一致,不应有流痕、露底、皱纹和脱落等缺陷。

(7)金属合金件应光滑、平整、细密,不应有裂纹、起皮、腐蚀斑点、氧化膜脱落、毛刺、黑色斑点和着色不均等缺陷。装饰面上不应有气泡、压坑、碰伤和划伤等缺陷。

(8)塑料产品表面应光滑、细密、平整,无气泡、裂痕、斑痕、划痕、凹陷、缩孔、堆色和色泽不均、分界变色线缺陷,颜色均匀一致并符合相关图样的规定。

3.尺寸公差

(1)柜体的宽度、深度、高度的极限偏差为±1 mm,台面板两对角线长度之差不超过3 mm。

(2)柜体板件按图样规定尺寸进行加工,未注公差的极限偏差按《一般公差 未注公差的线性和角度尺寸的公差》(GB/T 1804—2000)的M级执行。

4.形状和位置公差

地柜柜体力学性能,如表4-5所示。

表4-5 地柜柜体力学性能

序号	项目		技术要求
1	正视面板件翘曲度	对角线长度≥1400	≤3.0
		700≤对角线长度<1400	≤2.0
		对角线长度<700	≤1.0

续表

<table>
<tr><th>序号</th><th colspan="3">项目</th><th>技术要求</th></tr>
<tr><td>2</td><td colspan="3">底角着地平稳性</td><td>≤0.5</td></tr>
<tr><td>3</td><td>平整度</td><td colspan="2">面板、正视面板件0～150 mm范围内局部平整程度</td><td>0.2</td></tr>
<tr><td rowspan="4">4</td><td rowspan="4">临边垂直度</td><td colspan="2">门板及其他板件</td><td>≤2.0</td></tr>
<tr><td colspan="2">台面板</td><td>≤3.0</td></tr>
<tr><td rowspan="2">框架</td><td>对角线长度≥1000</td><td>≤3.0</td></tr>
<tr><td>对角线长度＜1000</td><td>≤2.0</td></tr>
<tr><td rowspan="2">5</td><td rowspan="2">位差度</td><td colspan="2">门与框架、门与门相邻表面间的距离偏差(非设计要求的距离)</td><td>≤2.0</td></tr>
<tr><td colspan="2">抽屉与框架、抽屉与门、抽屉与抽屉相邻表面间的距离(非设计要求的距离)</td><td>≤1.0</td></tr>
<tr><td rowspan="5">6</td><td rowspan="5">风缝</td><td rowspan="2">嵌装式开门</td><td>上、左、右分缝</td><td>≤1.5</td></tr>
<tr><td>中、下分缝</td><td>≤2.0</td></tr>
<tr><td>盖装式开门</td><td>门背面与框架平面的间隙</td><td>≤3.0</td></tr>
<tr><td>嵌装式抽屉</td><td>上、左、右分缝</td><td rowspan="2">≤2.5</td></tr>
<tr><td>盖装式抽屉</td><td>抽屉背面与框架平面的间隙</td></tr>
<tr><td>7</td><td colspan="3">抽屉下垂直度、摆动度</td><td>≤10</td></tr>
</table>

5.燃烧性能

人造板台面的燃烧性能等级不应低于《建筑材料及制品燃烧性能分级》(GB 8624—2012)中的B级,其他部位用板材的燃烧性能等级不应低于《建筑材料及制品燃烧性能分级》(GB 8624—2012)中的C级。

6.理化性能

(1)人造板理化性能

人造板台面和柜体板理化性能,如表4-6所示。

表4-6　人造板台面和柜体板理化性能

<table>
<tr><th rowspan="2">序号</th><th rowspan="2">项目</th><th rowspan="2">试验条件</th><th colspan="2">技术要求</th></tr>
<tr><th>台面板</th><th>柜体板</th></tr>
<tr><td>1</td><td>表面耐高温</td><td>(120±3) ℃,2 h</td><td>试件表面无裂纹</td><td>—</td></tr>
<tr><td>2</td><td>表面耐水蒸气</td><td>水蒸气(60±5) min</td><td colspan="2">试件表面无突起、龟裂、变色等</td></tr>
<tr><td>3</td><td>表面耐干燥</td><td>(180±1) ℃,20 min</td><td>试件表面</td><td>—</td></tr>
<tr><td>4</td><td>表面耐冷热温差</td><td>(80±2) ℃,2 h
(−20±3) ℃,2 h</td><td colspan="2">表面无裂纹、鼓泡和明显失光,观察四周</td></tr>
<tr><td>5</td><td>表面耐划痕</td><td>1.5 N,划一圈</td><td>试件表面无整圈连续划痕</td><td>—</td></tr>
</table>

续表

序号	项目	试验条件	技术要求	
			台面板	柜体板
6	表面耐龟裂	70 ℃,24 h	用6倍放大镜观察,表面无裂痕	用6倍放大镜观察,表面允许有细微裂痕
7	表面耐污染	少许酱油,24 h	试件表面无污染或腐蚀痕迹	
8	表面耐液	10%碳酸钠溶24 h;30%乙酸溶液24 h	无印痕	表面轻微的变泽印痕
9	表面耐磨性	漆膜磨耗仪2000转	未露白	局部有明显露白(100转)
10	表面抗冲击	漆膜冲击器,200 mm	表面无裂痕,但可见冲击痕迹	允许有轻微裂纹,有1~2圈环裂或弧裂(100 mm)
11	表面耐老化	老化试验仪,光泽仪	表面无开裂,失光<10%	—
12	吸水厚度膨胀率	50 mm×50 mm,浸泡24 h	<12%	浸泡2 h,<8%

(2)人造石台面理化性能

人造石台面理化性能要求,如表4-7所示。

表4-7 人造石台面理化性能

序号	项目	性能要求	序号	项目	性能要求
1	光泽度	≥80光泽单位	5	吸水率	≤0.5%
2	平整度	≤4%	6	胶衣层厚度	0.35~0.60 mm
3	巴氏硬度	≥40	7	耐热水性	无裂纹不起泡
4	耐冲击性	表面不产生裂纹	8	耐污染性	无明显色变

7.**力学性能**

(1)台面板力学性能,如表4-8所示。

表4-8 台面板力学性能

序号	项目	试验条件	技术要求
1	垂直静荷载	加750 N,压10 s,10次	台面无损伤,无影响使用功能的磨损或变形、无断裂或豁裂,连接件未出现松动
2	处置冲击	质量为28.1 g铜球在450 mm高度落下,3处	
3	持续垂直静荷载	加载200 kg/m²,7天	
4	耐久性	150 N,30000次	

(2)地柜柜体力学性能,如表4-9所示。

表4-9 地柜柜体力学性能

项目	试验条件	技术要求
搁板弯曲	加载200 kg/㎡,7 d	无断裂或豁裂,不出现永久变形
搁板倾翻	100 N	不倾翻
搁板支撑件强度	1.7 kg钢板冲击能1.66 N·m,10次	搁板销孔未出现磨损或变形,支撑件位移≤3 mm
柜门安装强度	离门沿100 mm处挂25 kg砝码,反复开启10次	各部无异常,外观及功能无影响
柜门水平荷载	门端100 mm处,水平加60 N力,10 s,0次	各部无异常,外观及功能无影响
底板强度	用750 N力,压10 s,10次	底部未出现严重影响使用功能的磨损或变形
柜门耐久性	1.5 kg反复开闭40000次	门与厨柜仍紧密相连,门与五金件均无破损,并未出现松动,铰链功能正常,门开关灵活、无阻滞现象
拉门强度	35 kg,10次	
拉门猛开	2 kg,10次	
翻门强度	300 N,10次	
翻门耐久性	20000次	
抽屉和滑轨耐久性	加33 kg/㎡荷载,开闭40000次	滑轨未出现永久松动,抽屉及拉篮活动灵便、无异常噪声
抽屉快速开闭	以1.0 m/s施加50 N力,10次	
抽屉级滑轨强度	抽屉底部均匀施加25 kg/㎡的荷载前端加250 N力,10s,10次	
主体结构和底架强度	侧面施300 N力,4处,高≤1.6 m,10 s,10次	未出现松动,位移小于10 mm

(2)吊码、吊柜力学性能,如表4-10所示。

表4-10 吊码、吊柜力学性能

序号	项目	试验条件	技术要求
1	吊码强度	加载100 kg,7天	吊码无变形。开裂,断裂现象
2	吊码搁板超载	底板加200 kg/㎡,搁板加100 kg/㎡	搁板及支撑件无破坏,卸载后变形量≤3 mm
3	吊柜跌落	柜体关闭从600 mm高度跌落	吊柜无结构损坏,无任何松动
4	吊柜主体结构强度	450 N,10次	位移≤10 mm
5	吊柜水平冲击	150 N力冲击门中缝处,10次	吊柜无损坏和破坏
6	吊柜垂直冲击	150 N力冲击底板中心处,10次	

8.排水组件

(1)地柜内排水管经老化性能试验后无裂纹,无渗漏水现象。

(2)排水管和洗涤池、管件等连接部位应严密,无渗漏水现象。

9.木工要求

(1)各类厨柜部件表面应进行贴面和封边处理,并应严密平整,不应有脱胶、留有胶迹和鼓泡等缺陷。覆面材料的剥离强度不应小于1.4×10^3 N/m。

(2)榫及零部件结合应牢固、严密、外表结合处缝隙不应大于0.2 mm。

(3)柜类表面不允许有凹陷、压痕、划伤、裂痕、崩角和刃口,外表面的倒棱、圆角、圆线应均匀一致。

(4)抽屉的滑轨应牢固,零部件的配合不得松动。

(5)各种配件、连接件安装应严密、平整端正、牢固,结合处无崩茬或松动,不得缺件、漏钉、透钉;启闭部件,如门、抽屉、转篮等零配件应启闭灵活。

(6)操作台上后挡水与台面的结合应牢固、紧密。

(7)踢脚板应坚固,且调整灵活。

10.五金件的性能

(1)铰链的性能应符合下列要求:打开角度不应小于90°,开闭时不应有卡死或出现摩擦声;前后、左右、上下可调范围不应超过2 mm;耐腐蚀等级不应低于《轻工产品金属锁层腐蚀试验结果的评价》(QB/T 3832—1999)中的9级。

(2)滑轨的性能应符合下列要求:滑轨各连接件应连接牢固,在定额承重条件下,无明显摩擦声和卡滞现象,滑轨滑动顺畅;锁锌、烤漆处理的滑轨应分别符合《金属及其他无机覆盖层 钢铁上经过处理的锌电渡层》(GB/T 9799—2011)和《家具五金抽屉导轨》(QB/T 2454—2013)的要求;喷塑处理的滑轨,喷塑层厚度不应小于0.1 mm。

(3)拉手:拉手的喷雾试验保护等级不应低于《厨房家具》(QB/T 2531—2010)中的7级。

(4)调整脚的性能应符合下列要求:调整脚螺纹表面不应有凹痕、断牙等缺陷;塑料表面不应有溢料、缩痕、焊接痕等缺陷;每个调整脚应能承受不小于1000 N荷载的能力。

(5)水嘴性能应符合《陶瓷片密封水嘴》(GB/T 18145—2014)的要求。

11.洗涤池

(1)洗涤池的外观质量应符合如表4-11所示的规定。

表4-11 洗涤池的外观质量

序号	项目	技术要求
1	皱折	不允许
2	划伤	正面不允许有宽0.05 mm以上的划伤
3	凹坑	正面不允许
4	瘪	不允许
5	抛光表面	均匀、光亮、光泽应一致，无擦痕，Ra0.4 μm
6	亚光表面	均匀、光亮、光泽应一致，无电击痕，Ra1.6 μm
7	焊接处磨光抛光	磨光平直，宽度公差±1 mm，抛光光亮，Ra1.6 μm
8	标准	清晰、完整

(2)不锈钢洗涤池的不锈钢板应符合《不锈钢冷轧钢板和钢带》(GB/T 3280—2015)中奥氏体和铁素体型不锈钢的规定。

(3)面板与洗涤池连接应端正、牢固、抛光后表面纹理应均匀一致，不应有明显的划痕、锤印及烧痕等。

(4)洗涤池切边后修边应光滑，不允许有尖角和毛刺。

(5)排水机构应能在2 min内将200 t水排除干净。

(6)洗涤池底部应能承受100 kg的荷载，其变形量不应大于3 mm。

(7)洗涤池应做防水滴试验，以防结露。

12. **安全与环保要求**

(1)厨房应设可开启外窗。

(2)所有抽屉及拉篮，应有保证抽屉和拉篮不被拉出抽屉的设施。

(3)厨柜洗涤台的给水、排水系统在使用压力条件下应无渗漏。

(4)金属件在接触人体或储藏部位应进行砂光处理，不得有毛刺和锐棱。

(5)厨房设备(如灶具、洗碗机、冰箱、微波炉、吸油烟机等)应符合《家用和类似用途电器的安全　第1部分：通用要求》(GB 4706.1—2005)及相应标准的要求。

(6)厨房电源插座位置及数量等均应符合有关规定。

(7)在安装电源插座及接线时，应对接近水、火的管线加保护层，以确保安全。

(8)管线区中暗设的燃气管线，应符合《城镇燃气设计规范》(GB 50028—2006)中第10.2款中的要求；燃气表的安装应符合《城镇燃气设计规范》(GB 50028—2006)中第10.3款中的要求。

(9)人造板材和实木板材上所用涂料中非活性挥发性有机化合物(VOC)含量不应大

于150 g/L；人造板游离甲醛释放量应符合《室内装饰装修材料人造板及其制品中甲醛释放限量》(GB 18580—2017)的规定。

(10)天然石、人造石台面的放射性核素限量，应符合《建筑材料放射性核素限量》(GB 6566—2010)中I类民用建筑的规定。

(二)现场存放

进场的厨柜收纳产品必须存放在指定的仓库内，仓库应保持干燥、通风、远离火源；认真规划临时堆放点，堆放点位置应尽量布置在塔式起重机的吊装范围内，避免场内二次运输作业。考虑到集成式厨房的现场保护，部件堆放应符合下列规定。

1.堆放场地应平整、坚实，并应有排水措施。

2.预埋吊件应朝上，标志宜朝向堆垛间的通道，堆码高度不超过1.5 m，以防止压损。

3.部件支垫应坚实，垫块在部件下的位置宜与脱模、吊装时的起吊位置一致。

4.重叠堆放部件时，层间垫块应上下对齐，堆垛层数应根据部件、垫块的承载力确定，并根据需要采取防止堆垛倾覆措施；堆放部件时，应根据部件起拱值的大小和堆放时间采取相应措施。

三、安装与连接

安装工艺流程，如图4-9所示。

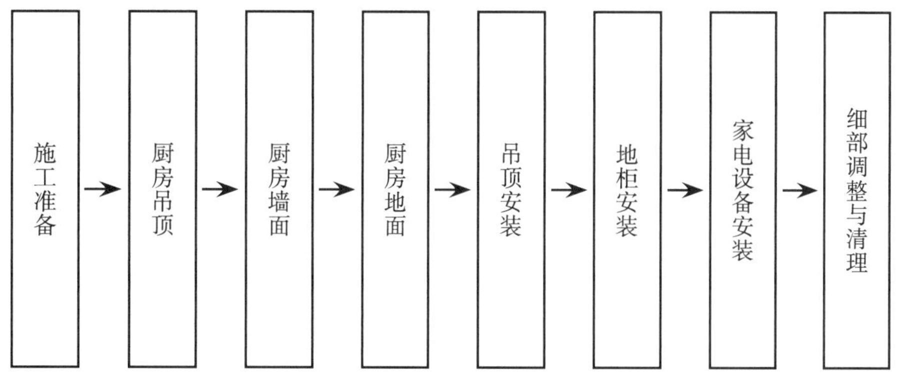

图4-9 安装工艺流程

(一)施工准备

每块卫生间部件水平位置控制线和安装检测控制线，应与集成式卫生间施工测量相同；吊装器具和吊装准备工作与集成式卫生间安装相类似。

(二)基础验收

1.拼接式厨房

(1)厨房尺寸满足图纸设计要求。墙面垂直度、平整度偏差:0~3 mm,2 m靠尺检查;阴阳角方正度:0~4 mm;角尺检查柜体嵌入尺寸(宽、高、深度)偏差:0~5 mm,卷尺测量不同位置对比;与设计值的允许偏差±10 mm。

(2)施工墙面、地面上的障碍物应清理完毕。

(3)施工单位须到现场复核全部厨柜安装位置的毛坯尺寸和精度、水电气接驳条件。墙体电气配管及电位甩点安装完毕,顶部线盒按整体厨房型号要求安装完毕。

(4)烟道口预留孔、给排水甩口完毕,甩口位置、高度、燃气管道安装位置按整体厨房型号要求安装完毕。

2.集成式设计厨房

(1)轻质隔墙及地面找平施工完毕,并验收完成。

(2)厨房的顶面、墙面材料应防火、抗热、易于清洗。

(3)厨房给水、排水、燃气等各类管线,应合理定尺定位预埋完成,管线与产品接口设置互相匹配,并应满足整体厨房使用功能要求。

(三)基础找平

1.在厨房基层清理完成后,利用水准仪、塔尺等仪器,集合建筑结构标高控制网和控制点对厨房部件安装位置进行测设,配合激光扣平仪,标定部件安装标高控制线。

2.针对整体安装式厨房,对地面进行找平操作:在安装点用混凝土设4个方形混凝土墩,每个混凝土墩上表面需用水平尺找平,确保安装后满足设计要求。

(四)安装与定位

1.整体式吊装

整体厨房吊装施工方式与整体卫生间吊装施工相似,其控制要点在于集成部件与建筑结构之间的连接点。住宅部件间、部件与半部件间的接口依界面不同,主要有三种类型。

(1)固定装配式,如住宅室内的围护部分、有特定技术要求的部位,保温墙、隔音墙采用专用胶粘剂安装固定连接方式。

(2)可拆装式,如划分室内空间的隔墙,可采用搭挂式金属连接,接缝用密封胶密封连接,表面不留痕迹,以便后期变更或更换表面装修材质。

(3)活动式装配,内部装修部件也可与结构部件"活动式"装配。

2.拼接式厨房

(1)厨房顶棚:有顶棚的厨房选择整体顶棚、集成顶棚,材料应防火、抗热、易清洗;无顶棚的厨房宜采用防水涂料作装饰喷涂。

(2)厨房墙面:厨房非承重围护隔墙选用工业化生产的成品隔板,现场组装;厨房成品隔断墙板应有足够的承载力,满足厨房设备固定的荷载需求。

(3)厨房地面选择防滑、吸水率低、耐污染、易清洁的瓷砖、石材或复合材料。

(4)吊柜安装:按设计高度或根据现场实际测量情况画线,先在墙上开洞安装两个挂片,提高柜子在墙壁上的安全性,避免放置柜子发生倾斜;挂片固定好之后将吊柜挂上,对其进行水平调整,以确保柜体间对称,如图4-10所示。

(a)挂片固定吊柜

(b)现场拼装

图4-10 吊柜安装

(5)地柜安装:地柜安装要求高于吊柜,要注意配合导轨、拉篮等的安装,对尺寸精度要求严格。将柜体倒放在打开的包装膜上,把调节脚安装到柜体底板上的调节脚底座上,用直尺作参照并调节地脚高度一致,然后将已装好调节脚的地柜按设计图纸所示摆放:按照图纸和安装顺序摆置,用水平尺测量其上平面是否水平,若不水平必须重新调整地脚,通过调节地脚,用水平尺检测整组柜体的水平与垂直程度,确保整组柜体水平和垂直。安装时注意每个柜子底板与地面的距离,以保证不会影响踢脚板的安装。厨柜地柜接水铝箱采用0.35 mm厚整体压型铝地板,左、右、靠墙卷边10 mm折弯。地柜安装如图4-11所示。

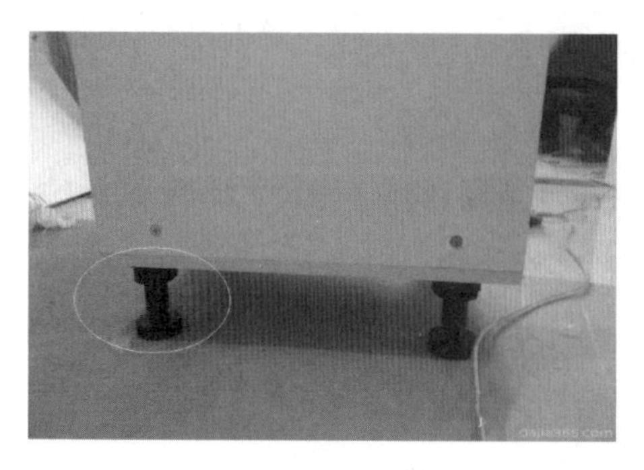

(a)地柜支脚安装、调整水平

(b)地柜接水铝箔

图4-11　地柜安装

(6)台面安装:安装位置调整水平后打磨台面,清扫台面废料,后安装灶具、水槽及龙头的洞口,如图4-12所示。

(a)灶具安装

(b)水槽安装

图4-12　灶具及水槽安装

(7)柜门、抽屉安装:将现场装配好的柜门逐个安装至柜体,规定好位置后再调整铰链,以保证启用时的舒适度;对工厂加工好的抽屉组装,并安装饰面板和拉杆。

(8)柜体门板调节:调整后柜体要放正,与搁板整体厨房设备安置至四边贴合;封边严密、不漏胶;门开合时铰链灵活有弹性、门缝大小一致,平整。

(9)嵌入式电冰箱安装:嵌入式电冰箱的散热装置一般是在上方或下方,安装时要预留上方或下方的散热空间,外观可做装饰用的通风栅板。冰箱后面也应留有适当空间,避免直接与壁面贴合,至少预留不少于5 cm的散热空间。

(10)嵌入式微波炉:嵌入式微波炉要注意在厨柜的背板部分设计出热气发散的通道。门的位置一定要安排在电器的一侧,设在后面会因深度不够而导致电器不能安全到位,方便以后维修更换。

(11)细部调整:部件安装完毕,为了保证安装的最佳效果,对产品的门板、柜体及其工作的细节进行调整,调整的结果应符合产品安装质量标准。柜体和门板的调整,厨柜安装位置符合图纸要求,柜体摆放协调一致,地柜及吊柜应保持水平。对整套厨柜的门板和抽屉进行全面调节，使门板和屉面的上下、前后、左右分缝均匀一致，符合客户要求。调整完毕，将柜体的五金配件安装到位，相关电器产品也应根据要求安装到位。

（五）接口连接

1. 吊柜的连接方式：木销连接、二合一连接件连接和螺钉连接，连接螺栓宜使用膨胀螺栓。

2. 排水机构（落水滤器、溢水嘴、排水管、管路连接件等）各接头连接、水槽及排水接口的连接应严密，软管连接部位用卡箍紧固，如图4-13所示。

图4-13 厨房排水接口方式

3. 燃气器具的进气接头与燃气管道接口之间的软管连接部位用卡箍紧固，不得漏气。

4. 暗设的燃气水平管，可设在吊顶内或管沟中，采用无缝钢管焊接连接。

5. 水槽应配置落水滤器和水封装置，与排水主管道相连时应采用硬管连接。

6. 预埋塑料涨栓（如图4-14所示）：柜体及门板用于固定五金配件处的全部螺丝孔必须在工厂预埋塑料涨栓，严禁螺丝直接固定在板材上，以保证安装牢固、可重复拆卸；侧板上用于活动承上下调节的孔位需配孔位盖；门板背面用于固定拉手螺丝孔处需配孔位盖。

图4-14　预埋塑料涨栓

(六)接缝处理

1.安装完毕后,部件与墙体接触部位、水槽所有连接部位打硅胶处理。

2.挡水与墙面留有5 mm内伸缩缝,打密封胶密封,灶具边与台面基础部位做隔热处理。

3.厨柜的收口、封板的收口、厨柜台面与厨房窗台的收口、上下柜与墙面的收口,踢脚板压顶线与地面和吊顶的收口,用勾填硅胶处理,收口应平滑。

四、质量检验、验收及成品保护

(一)质量检验

1.产品检验项目

(1)出厂检验项目包括:人造板、贴面板、封边带、石材台面、五金件等材料的合格证件,外观,尺寸公差,形状和位置公差,排水机构泄水试验,木工要求。

(2)型式检验包括规范要求中的所有项目。

2.安装尺寸公差规定

(1)不锈钢及人造贴面板台面及前角拼缝应小于等于0.5 mm,人造石台面应无拼缝。

(2)吊柜与地柜的相对应侧面直线度允许误差小于等于2.0 mm。

(3)在墙面平直条件下,后挡水与墙面之间距离应小于等于2.0 mm。

(4)厨柜左右两侧面与墙面之间应小于等于2.0 mm。

(5)地柜台面距地面高度公差值为±10 mm。

(6)嵌式灶具安装应与吸油烟机对准,中心线偏移允许公差为±20 mm。

(7)门与框架、门与门相邻表面、抽屉与框架、抽屉与门、抽屉与抽屉相邻表面的位差度小于等于2.0 mm。

(9)台面拼接时的错位公差应小于等于0.5 mm;相邻吊柜、地柜和高柜之间应使用柜体连接件紧固,柜与柜之间的层错位、面错位公差应小于等于2.0 mm。

(二)成品保护

1.安装过程中的成品保护

(1)当天安装的厨柜,当天从仓库运到房间,当天安装完成,当天工完场清。

(2)搬运、安装过程中,注意不能损坏涂料、木门、木地板等其他成品。

(3)打胶时,严禁在柜体上抹胶。

2.安装后的成品保护

(1)安装完成后,柜门表面PE保护膜仍然保留,直到集中交付前清除。

(2)柜体安装完成后,若涂料修补较多,厨柜施工方须主动对柜体进行覆盖保护。

(3)开荒保洁时,厨柜施工方须及时巡查,避免清洁不当造成成品损坏。

(三)质量验收

1.一般规定

(1)质量验收应在施工单位自检合格的基础上,报监理(建设)单位按规定程序进行质量检验。

(2)厨房施工质量应符合设计的要求和相关专业验收标准的规定。

(3)厨房的质量验收应在施工期间和施工完成后及时验收。

(4)厨房的质量验收还应符合现行国家标准《家用厨房设备　第3部分:试验方法与检验规则》(GB/T 18884.3—2012)的有关规定。

(5)集成式厨房工程的质量验收,应符合现行国家标准《建筑工程施工质量验收统一标准》(GB 50300—2013)和其他专业验收标准的规定。

(6)集成式厨房验收应以竣工验收时以可观察到的工程观感质量和影响使用功能的质量作为主要验收项目,检查数量不应少于检验批数量。

(7)未经竣工验收合格的集成式整体厨房工程不得投入使用。

2.主控项目

(1)装配式整体厨房交付前必须进行合格检验,具体包括以下项目:外观、尺寸公差、形状和位置公差、材料的合格证件、排水机构的试漏试验、木工要求、电气要求、水槽、除水槽材料的力学性能和化学成分的所有项目。

检查数量:全数检查。检验方法:观察检查、尺量、检查材料质量文件。

(2)厨房安全性能应符合以下规定:厨房电源插座应选用质量合格的防溅水型单相三线或单相双线的组合插座;所有抽屉和拉篮,应抽拉自如,无阻滞,并有限位保护装置,防止直接拉出;所有柜外漏的锐角必须磨钝;金属件在人可触摸的位置要砂光处理,不允许有毛刺和锐角。

检查数量:全数检查。检验方法:观察检查。

(3)密封性能检查项目:排水结构(落水滤器、溢水嘴、排水管、管接等)各接头连接、水槽及排水结构的连接必须严密,不得有渗漏,软管连接部应用卡箍箍紧;燃气器具的进气接头与燃气管道(或钢瓶)之间的软管应连接紧密,连接部应用卡箍紧固,不得有漏气现象;给水管道与水嘴接头应不渗漏水;后挡水与墙面连接处应打密封胶(不锈钢厨柜除外);嵌式灶具与台面连接处应加密封材料;水槽与台面连接处应使用密封胶密封(不锈钢厨柜整体台面水槽除外);吸油烟机排气管与接口处应采取密封措施。

检查数量:全数检查。检验方法:观察检查。

3.一般项目

(1)厨柜外观要求:产品外表应保持原有状态,不得有碰伤、划伤、开裂和压痕等缺陷;厨柜安装位置符合图纸要求,不得随意变换位置;厨柜摆放协调一致,外面及吊柜应保持水平;对门板和抽屉进行全面调节,使门板和抽屉面的上下、前后、左右分缝均匀一致。

检查数量:全数检查。检验方法:观察检查。

(2)清洁检查要求:检查客户厨房内及厨柜柜体内、抽屉和台面上有无遗留物品、有无污渍;如客户需对安装产品进行防护,应满足其要求。

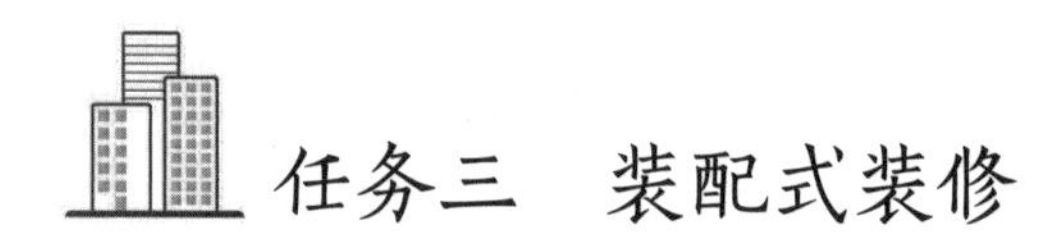

任务三　装配式装修

学习内容

装配式装修是将工厂生产的部件部件在现场进行组合安装的装修方式,主要包括干式工法楼(地)面、集成厨房、集成卫生间、管线与结构分离等。装配式装修主要包含以快装轻质隔墙安装、快装龙骨吊顶安装、模块式快装采暖地面安装和住宅集成式给水管道安装四部分。

具体要求

1. 了解快装轻质隔墙安装。

2. 了解快装龙骨顶棚安装。

3. 了解模块式快装采暖地面安装。

3. 了解住宅集成式给水管道安装。

一、快装轻质隔墙安装

快装轻质隔墙由轻钢龙骨内填岩棉外贴涂装板组成(如图4-15所示),用于居室、厨房、卫生间等部位隔墙。快装轻质隔墙体系可根据住户居住空间实际需求灵活布置,采用干法制作,具有装配速度快、轻质隔音、防腐保温和防火等特点。

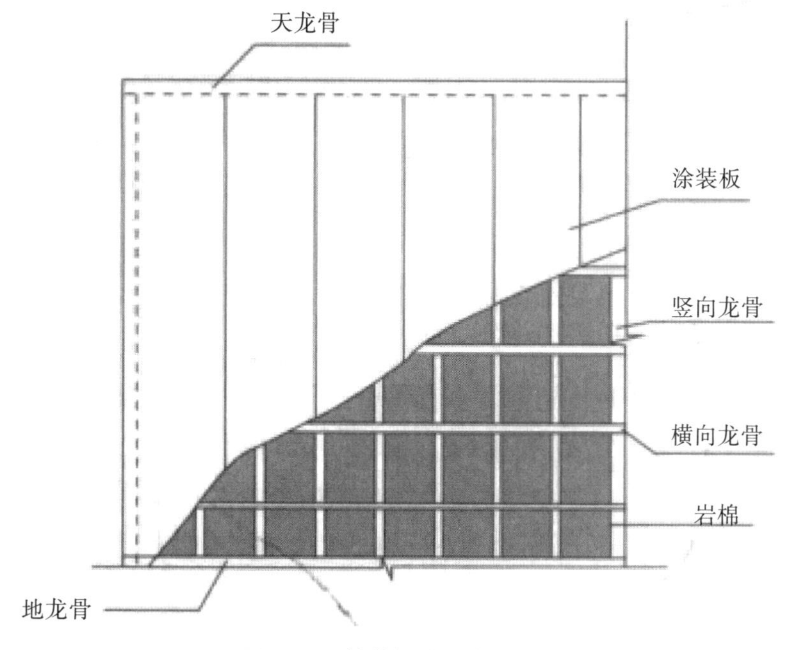

图4-15 快装轻质隔墙构造示意

隔墙天、地龙骨和竖向龙骨采用轻钢龙骨,并根据壁挂物品设置加强龙骨;填充墙内用岩棉等燃烧性能A级的不燃材料,填塞于隔墙内,可起防火隔音作用;装饰面层采用涂装板,与龙骨间采用结构密封胶黏结,板间缝隙用防霉型硅酮玻璃胶填充凹缝并勾缝光滑。

卫生间隔墙一般设250 mm高防水坝,宜采用8 mm厚硅酸钙板,防水坝与结构地面相接处用聚合物砂浆抹成斜角。沿墙面横向铺贴PE防水防潮隔膜,底部与防水坝表面防水层搭接不小于100 mm,用聚氨酯弹性胶黏结,铺贴至结构顶板板底,形成整体防水防潮层。

二、快装龙骨顶棚安装

快装龙骨顶棚由铝合金龙骨和涂装板外饰面组成(如图4-16所示),用于厨房、卫生间和封闭阳台等部位顶棚。顶棚边龙骨沿墙面涂装板顶部挂装,固定牢固,边龙骨阴阳角处应切割成45°。拼接,以保证接缝严密,开间尺寸大于1800 mm时,应采用吊杆加固措施。顶棚板开排烟孔和排风扇孔洞时应用专用工具,边沿切割整齐。

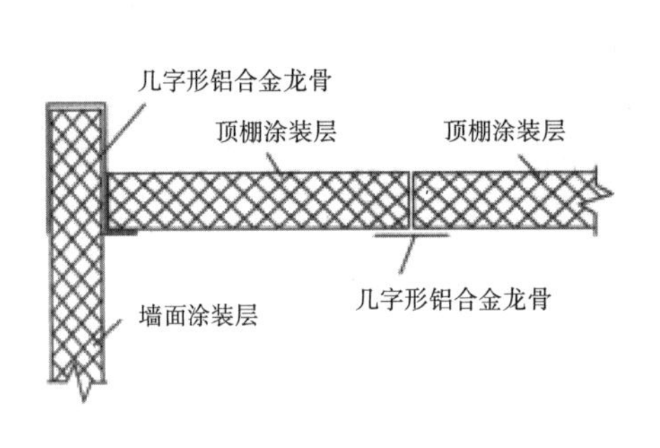

(a)顶棚大样

(b)顶棚安装情况

图4-16 快装龙骨顶棚

三、模块式快装采暖地面安装

模块式快装采暖地面(如图4-17所示),由可调节地脚组件、地暖模块、平衡层和饰面层组成,用于居室、厨房、卫生间和封闭阳台等部位,其设计高度为110 mm。在楼板上放置可调节地脚组件支撑地暖模块,架空空间内铺设机电管线,可灵活拆装使用,安装方便,便于维修,无湿作业且使用寿命长。

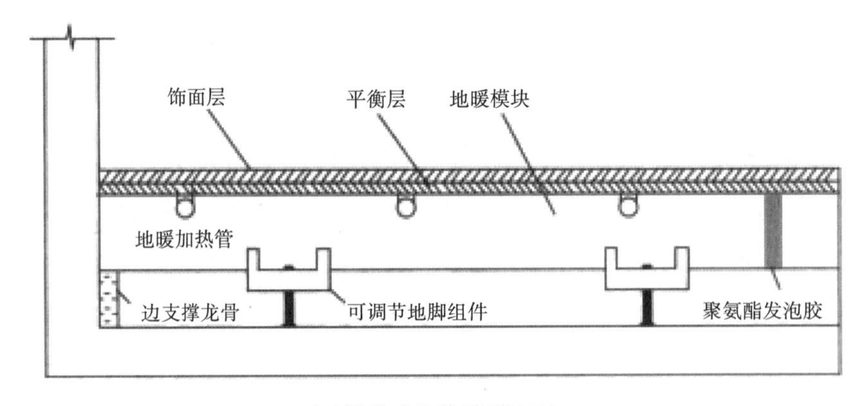

(a)模块式快装采暖地面

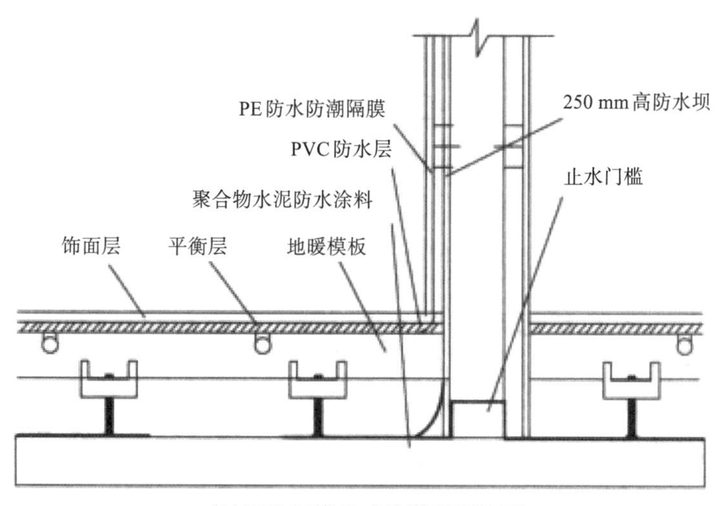

(b)卫生间模块式快装采暖地面

图4-17 快装采暖地面

可调节地脚组件由聚丙烯支撑块、丁腈橡胶垫及连接螺栓等配件组成。在边支撑龙骨与可调节地脚组件上架设地暖模块,可调节地脚组件与地暖模块用自攻螺丝连接。地暖模块间隙为10 mm,用聚氨酯发泡胶填充严实。通过连接螺栓架空支撑地脚组件,可方便调节地暖模块的高度及面层水平,以避免楼板不平的影响;在架空地面内铺设管线还可起到隔音作用。地暖模块由镀锌钢板内填塞聚苯乙烯泡沫塑料板材组成,具有保温隔音作用,并使热量向上传递得以充分利用热能。地暖加热管敷设在地暖模块的沟槽内,不应有接头,不得突出模块表面。平衡层采用燃烧性能为A级的8 mm厚无石棉硅酸钙板。带压铺贴第一层平衡层,铺贴完成检查加热管无渗漏后方可泄压;随即铺贴第二层平衡层,该平衡层与第一层平衡层水平垂直铺贴;饰面层采用2 mm厚石塑地板(卫生间饰面层采用8 mm厚表面经防滑、耐磨处理的涂装板)。石塑地板铺贴前,应在现场放置24小时以上,使材料记忆性还原,温度与施工现场一致,铺贴时两块材料间应贴紧无缝隙。

四、住宅集成式给水管道安装

按传统,各类管线均埋设在住宅结构内或垫层内,管线日常维修维护及更换极为不便,管线改造更可能影响结构使用寿命。集成式管道敷设于架空层内(如图4-18所示),管路布置灵活,安装快捷便利,维修方便,不破坏结构,且不产生建筑垃圾。

图4-18　集成式给水管道敷设情况

安装住宅集成式给水主管道(如图4-18所示)成排敷设时,直线部分宜互相平行。弯曲部分宜与直线部分保持等距。户内给水分支管道与给水主管道宜设置在吊顶内进行连接,连接管件应为与管材相适应的管件,PP-R管采用热熔连接,铝塑管采用专用管件连接,不得在塑料管上套丝。户内给水分支管道宜采用工业化模块产品,在现场按设计高度固定牢固。

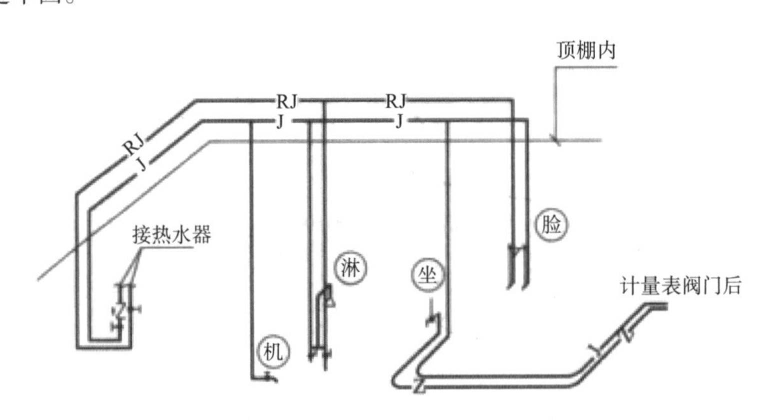

图4-19　安装住宅集成式给水管道示意图

课后习题

1. 集成式卫生间进入现场的部件应具有______________及相关______________文件,产品质量应符合设计及相关技术标准要求。每个产品应进行进场检验,检验项目均符合相应要求,判定该产品为______________;如出厂检验项目中某项不合格,允许____

__________,补救后仍不符合要求,判定该产品为不合格。

2.装配式装修主要包含哪几部分?

3.集成式厨房吊柜的连接方式有哪些?

4.装配式装修有哪些特征?

5.整体式卫生间成品保护:金属面板应使用________以____________进行清洁,再用_________以_______抹净;______完成后,清理作业垃圾,用_________覆盖整体卫生间,并对安装成品应采用_______、_______、_________等可靠措施进行封存保护。

项目五　装配式建筑管理

项目描述

装配式建筑是由传统建筑业与先进制造业良性互动、建筑工业化和建筑信息化深度融合的产物。装配式建筑的发展需要完善技术标准体系，需要提高全过程质量监管水平，需要推动装配式建筑与信息化的融合发展，需要有与之相适应的组织管理模式。装配式建筑技术创新和管理创新的系统集成，才能推动装配式建筑的发展，实现建筑业的转型升级。

任务一　装配式建筑项目组织模式

学习内容

学习装配式建筑项目的组织模式，主要是工程总承包模式。

具体要求

1. 了解什么是装配式项目的工程总承包模式。
2. 掌握工程总承包模式是如何实施的。

一、目前装配式建筑项目在组织模式上存在的一些主要问题

从目前国内的发展来看，装配式建筑的发展并没有形成应有的规模，不仅仅是技术层面上的欠缺，项目的组织与管理方面亦有诸多欠缺，传统的设计、施工相互割裂、各自

为政的建设模式，设计、施工企业只对各自承担的设计、施工部分负责，缺乏对项目整体实施的考虑，两者之间衔接缺乏协调，对实施中出现的问题往往相互推诿，责任不清，影响了工程质量、安全、工期和造价。

设计与施工脱节，与施工协调工作量大、管理成本高、责任主体多、权责不够明晰有关，从而造成工期拖延、造价突破批准限额等问题。多数建筑设计者、结构工程师只通过图纸与施工现场发生联系，极少有设计者直接参与现场施工过程的具体指导。另外，在尚未进行招标确定施工企业的建筑设计阶段，设计师只能按照一般建筑最普遍施工模式来进行设计，以保证其建筑物的可实现性。因此多数设计师不能考虑施工中具体的生产组织方式，正是由于这种现实的障碍，才导致现浇结构成为目前建筑结构体系的主流。

装配式建筑更需要高质量的设计工作，设计必须在构件生产之前完成，生产开始后出现的设计缺陷，需要付出更高的经济成本和更多的时间再次修复。装配式建筑的设计综合性较强，除需要建筑、结构、给排水、暖通、电气等各专业的互相协作外，还需考虑预制构件生产、运输及现场施工等各方的操作需要。因此，对项目的整体规划是必不可少的，这种规划需要将结构设计、构件生产和施工等过程进行适当的合并。完成概念方案设计（或方案设计）之后的施工设计，有必要综合考虑施工中具体的生产组织方式，根据其供应商所提供的标准化构件来“拼装”建筑，从而实现建筑物的预制拼装化与生产工业化。

二、工程总承包模式能够实现设计与施工的深度融合和统一管理

工程总承包是指从事工程总承包的企业按照与建设单位签订的合同，对工程项目的设计、采购、施工等实行全过程的承包，并对工程的质量、安全、工期和造价等全面负责的承包方式。工程总承包一般采用设计—采购—施工总承包（EPC）或者设计—施工总承包模式（DB）。

与设计、施工分别发包的传统工程建设模式相比，工程总承包模式具有更加明显的优势，尤其适合装配式建筑的生产方式。工程总承包项目在设计阶段充分考虑构件生产、运输和现场装配施工的可行性，开展深化设计和优化设计，能够有效节约投资，装配式建筑的设计流程如图5-1所示。工程总承包模式还有可能实现设计和施工的合理交叉，缩短建设工期；能够发挥责任主体单一的优势，由工程总承包企业对质量、安全、工期、造价全面负责，明晰责任；有利于发挥工程总承包企业的技术和管理优势，实现设计、采购、施工等各阶段工作的深度融合和资源的高效配置，提高工程建设水平。

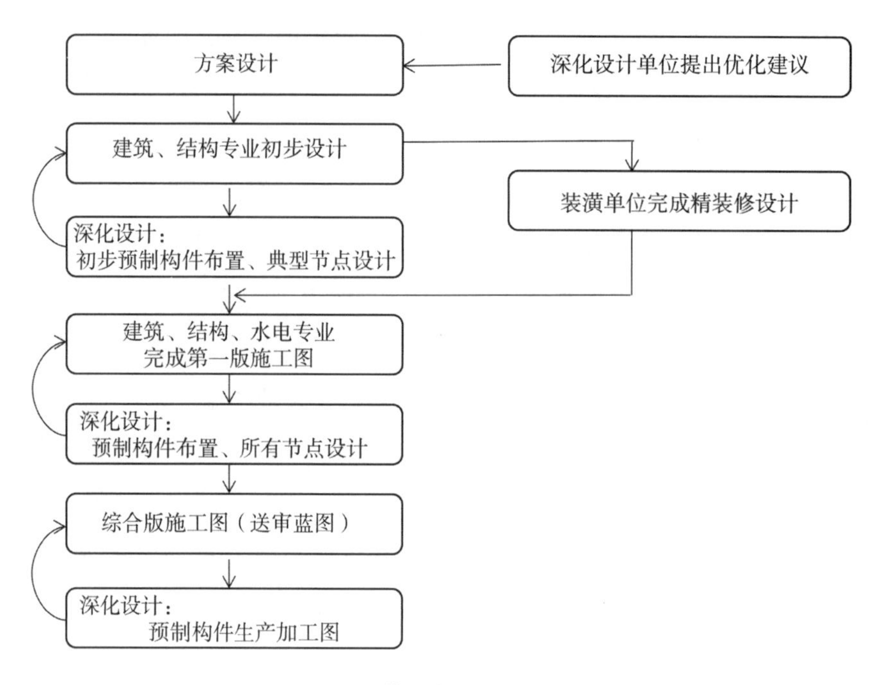

图5-1　装配式建筑设计流程

对于一般工程的建设管理，工程总承包模式是一种非强制性的发展方向，但对于装配式建筑而言，工程总承包模式是一种必然性的选择。只有实现设计施工一体化，才能在各种现实的标准化的构配件、工艺流程与预期建筑物之间建立必然性的构建关系。2016年，住房和城乡建设部出台了《关于进一步推进工程总承包发展的若干意见》(建市〔2016〕93号)(以下简称《若干意见》)，其中明确，装配式建筑应当积极采用工程总承包模式。

三、工程总承包组织实施

业主与工程总承包商签定工程总承包合同，把建设项目的设计、采购、施工和调试服务工作全部委托给工程总承包商负责组织实施，业主只负责整体的、原则的、目标的管理和控制。

(一)工程总承包发包

根据《若干意见》，建设单位可以根据项目特点，在可行性研究、方案设计或者初步设计完成后，按照确定的建设规模、建设标准、投资限额、工程质量和进度要求等进行工程总承包项目发包。招标需要“细化建设规模”和“细化建设标准”。细化建设规模：房屋建筑工程包括地上建筑面积、地下建筑面积、层高、户型及户数、开间大小与比例、停车位数量或比例等;市政工程包括道路宽度、河道宽度、污水处理能力等。细化建设标准:房屋建筑工程包括天、地、墙各种装饰面材的材质种类、规格和品牌档次,机电系统包含的类别,机电设备材料的主要参数、指标和品牌档次,各区域末端设施的密度,家具配置数量和标准,以及室外工程、园林绿化的标准;市政工程包括各种结构层、面层的构造方式、材质、厚度等。

业主招标时应确定合理的投标截止时间,确保投标人有足够时间对招标文件进行仔细研究、核查招标人需求,进行必要的深化设计、风险评估和估算。

(二)工程总承包企业及项目经理的基本条件

根据《若干意见》,建设单位可以依法采用招标或者直接发包的方式选择工程总承包企业。工程总承包企业应当具有与工程规模相适应的工程设计资质或者施工资质,相应的财务、风险承担能力,同时具有相应的组织机构、项目管理体系、项目管理专业人员和工程业绩。工程总承包项目经理应当取得工程建设类注册执业资格或者高级专业技术职称,担任过工程总承包项目经理、设计项目负责人或者施工项目经理,熟悉工程建设相关法律法规和标准,同时具有相应的工程业绩。

(三)工程总承包企业的选择

根据《若干意见》,工程总承包评标可以采用综合评估法,评审的主要因素包括工程总承包报价、项目管理组织方案、设计方案、设备采购方案、施工计划、工程业绩等,合同的制订可以参照住房和城乡建设部、国家市场监督管理总局联合印发的《建设项目工程总承包合同(示范文本)》。

EPC工程总承包定标主要标准包括:认定投标人的工程总承包管理能力与履约能力,投标人是否进行一定程度的设计深化,深化的设计是否符合招标需求的规定,考核投标报价是否合理。

传统招标模式由招标人提供设计图纸和工程量清单,投标人按规定进行应标和报价,而EPC工程总承包招标时只提供概念设计(或方案设计)、建设规模和建设标准,不提供工程量清单,投标人需自行编制用于报价的清单。选择总承包企业需要考核投标人是否编制了较为详细的估算工程量清单,估算工程量清单与其深化的设计方案是否相匹配,投标单价是否合理。

(四)明晰转包和违法分包界限

《若干意见》对转包和违法分包进行了界定。《若干意见》明确,工程总承包企业可以在其资质证书许可的工程项目范围内自行实施设计和施工,也可以根据合同约定或者经建设单位同意,直接将工程项目的设计或者施工业务择优分包给具有相应资质的企业。同时,工程总承包企业应当加强对分包的管理,不得将工程总承包项目转包,也不得将工程总承包项目中设计和施工业务一并或者分别分包给其他单位。工程总承包企业自行实施设计的,不得将工程总承包项目工程主体部分的设计业务分包给其他单位。工程总承包企业自行实施施工的,不得将工程总承包项目工程主体结构的施工业务分包给其他单位。

(五)工程总承包企业全面负责项目质量和安全

《若干意见》明确了工程总承包企业的义务和责任:工程总承包企业对工程总承包项目的质量和安全全面负责。工程总承包企业按照合同约定对建设单位负责,分包企业按照分包合同的约定对工程总承包企业负责。工程分包不能免除工程总承包企业的合同义务和法律责任,工程总承包企业和分包企业就分包工程对建设单位承担连带责任。

(六)工程总承包项目的监管手续

《若干意见》要求,按照法规规定进行施工图设计文件审查的工程总承包项目,可以根据实际情况按照单体工程进行施工图设计文件的审查。住房城乡建设主管部门可以根据工程总承包合同及分包合同确定的设计、施工企业,依法办理建设工程质量、安全监督和施工许可等相关手续。相关许可和备案表格,以及需要工程总承包企业签署意见的相关工程管理技术文件,应当增加工程总承包企业、工程总承包项目经理等栏目。

工程总承包企业自行实施工程总承包项目施工的,应当依法取得安全生产许可证;将工程总承包项目中的施工业务依法分包给具有相应资质的施工企业完成的,施工企业应当依法取得安全生产许可证。工程总承包企业应当组织分包企业配合建设单位完成工程竣工验收,签署工程质量保修书。

四、装配式建筑协同建设系统

(一)协同建设系统产生的背景

传统的建设项目建设是由单一的企业来完成的。为了承担大型建设项目、承担工艺复杂的项目,施工企业需要不断地扩大规模,扩充专业,这使得施工企业如果采用新技术、新工艺或实现建筑工业化的生产方式,就必须在企业内部组建专业的部门,形成类似于纵向一体化的企业集团。但随之而来的问题也会产生:一方面,专业成立的部门难以仅仅基于企业内的需求形成规模经济，从而降低成本；另一方面，当企业面临市场周期性波动或建设项目的独特性要求时，难以摆脱已存在的庞大的组织体系，运行成本高昂。

工程总承包模式下，总承包商对整个建设项目负责，但并不意味着总承包商须亲自完成整个建设工程项目。除法律明确规定必须由总承包商完成的工作外，其余工作总承包商则可以采取专业分包的方式进行。在实践中，总承包商往往会根据其丰富的项目管理经验、根据工程项目的不同规模、类型和业主要求，将设备采购(制造)、施工及安装等工作采用分包的形式分包给专业分包商。

因此，作为建设项目的总承包企业必须依赖社会力量，与专业技术承包商、供应商建立稳定的合作与协作关系，以确保在其自身组织机构不无限扩大的同时，能够具有更多更完善的技术手段。只有这样，才能以工业化的生产组织方式，适应装配式建筑的发展需要，适应市场发展的需要。

所谓现代协同建设系统，就是基于产业链一体化所构成的建筑业协同化的组织模式；是基于产业协作所构成的组织体系；是以总承包企业为核心，以分包商、专业分包商、供应商等所构成的多层级产业协作体系；是总承包商基于多层级的分包商、供应商，应对于多个建设项目的产业协作体系。

(二)协同建设系统的构建和运行

协同建设系统有效运行的关键，在其内部能否建立一个令行禁止的组织机构，这也正是协同建设系统真正的问题之一。尽管从形态上看，协同建设系统是一个由多个企业所组成的松散联合体，但其内部业务所特有的流程与利益关系，已经将其整合成一个基于共同利益的合作组织。

1.产业链的构建是协同建设系统组织体系协同化构建的关键环节

现代企业的竞争是产业链之间的竞争，在建设领域也不例外。建设施工企业，或加入相应的产业链，使自身的发展与整个产业链的发展相适应、相协调。在协同建设系统产业链构建的过程中，核心企业是关键。依靠核心企业所形成的工艺流程、系统流程与产业流程，相关企业以合作、契约的方式构成了互相依托的生产共同体。

作为基于合作的组织体系，协同建设系统的核心是直接承接项目建设任务的总承包商，基于成本、效率等原则，以总承包商为核心，以横向一体化为指导思想所构建的协同建设产业链，成为协同建设系统的协同化组织形态。

2.虚拟企业的组织与管理是协同建设系统的基本方法

作为松散联合体与利益共同体，协同建设系统的内部运行与控制不能按照一般企业管理的规律来进行,但可以视为虚拟建设企业。虚拟建设企业运行与管理的相关事务,将成为协同建设系统运行管理的基本方法。

协同建设系统虚拟建设企业的构建,将以一个或多个总承包企业为核心,按照不同的组织构成原则,形成联邦、星形或多层次等诸多模式。在不同的模式中,内部成员之间的关系十分重要。一般而言,其内部成员的关系主要有两类:一类是基于协作合同所形成的确定的契约关系,这是一种相对稳定的关系;另一类是基于长期合作与诚信所形成的合作伙伴关系。在长期的虚拟建设企业的运行过程中,合作伙伴关系无疑是最为重要的。

在虚拟建设企业的组织化构建中,两个关键的协同化组织机构:位于产业链前端的“项目协调组织”与产业链后端的“生产协调组织”,集中体现了协同建设系统的组织协同。

基于项目协调组织,协同建设系统对于已经承接的、将要承接的各个项目进行全面的整合,按照固定的技术标准对项目进行标准化的分解,使其成为不同类别的、标准化的工作单元,进而再利用成组技术对各个工作单元实施成组化,形成工作包。这些工作包可以体现为实体性的,也可以体现为工艺性的,根据工作包的性质将其转给协同建设系统的后端协同组织——生产协调委员进行生产协调。

分包协调组织则面对着众多的、完成相关工作包的协作分包商。通过对于各个分包商的组织、管理、协作与控制,保证协作分包商能够按照核心企业的相关技术标准与时间计划,有效地完成所承接的工作包。保证对协作分包商有效控制的同时,维持与其良好的合作与协作关系,是该协同化组织的关键性工作。

任务二　装配式建筑工程全寿命周期管理

学习内容

学习装配式建筑工程全寿命周期管理的构成、信息的管理和其他的集成管理系统。

具体要求

1.掌握装配式建筑工程全寿命周期的构成。

2.了解装配式建筑工程全寿命周期信息管理。

3. 了解装配式建筑工程全寿命周期集成管理系统。

一、装配式建筑工程全寿命周期的构成

建筑工程全寿命周期是以建筑工程的规划、设计、建设和运营维护、拆除、生态复原——一个工程的“从生到死”过程为对象，即从建筑工程或工程系统的萌芽到拆除、处置、再利用及生态复原整个过程。装配式建筑工程全寿命周期主要包括六个阶段：前期策划阶段、设计阶段、工厂生产阶段、现场装配阶段、运营维护阶段、拆解再利用阶段等，如图5-2所示。

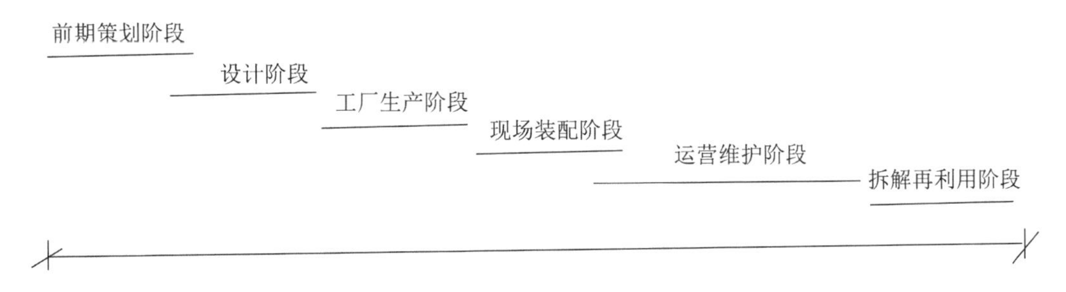

图5-2 装配式建筑工程全寿命周期示意图

（一）前期策划阶段

在前期策划阶段，要从总体上考虑问题，提出总目标、总功能要求。这个阶段从工程构思到批准立项为止，其工作内容包括工程构思、目标设计、可行性研究和工程立项。该阶段在装配式建筑工程全寿命周期中的时间不长，往往以高强度的能量、信息输入和物质迁移为主要特征。

（二）设计阶段

设计阶段包括初步设计、技术设计和施工图设计。在该阶段要将工程分解到各个子系统（功能区）和专业工程（要素），将工程项目分解到各个阶段和各项具体的工作，对它们分别进行设计、估算费用、计划、安排资源和实施控制。

（三）工厂生产阶段

预制构件生产厂按照设计单位的部件和构配件要求进行生产，生产的构件在达到设计强度并质检合格后出厂。

（四）现场装配阶段

部件和构配件运输至施工现场，对部件和构件实现现场装配施工。这个阶段包括装

配式建筑工程及工程系统形成的一系列活动,直至建筑物交付使用为止。通常来说,此阶段历时较短,伴随着高强度的物质、信息输入。此阶段的物质和信息输入直接影响建筑成品的使用与维护。

(五)运营维护阶段

这个阶段是装配式建筑工程及工程系统在整个生命历程中较为漫长的阶段之一,是满足其消费者需求的阶段。此阶段往往持续几十年甚至上百年,物质、信息和能量的输入输出虽然强度不大,但是由于时间漫长,其物质、信息输入输出仍然占据整个全寿命周期很大比重。

(六)拆解再利用阶段

这个阶段可以被认为是装配式建筑工程及工程系统建造阶段的逆过程,发生在装配式建筑工程及工程系统无法继续实现其原有用途,或是由于出让地皮、拆迁等原因不得不被拆除之时,包括工程及工程系统的拆解和拆解后建筑材料的运输、分拣、处理、再利用等过程。因此,此阶段能量、信息和物质的输入输出强度都很小。

二、装配式建筑工程全寿命周期信息管理

要解决装配式建筑工程中的管理问题,协调好设计与施工间的关系,使各阶段、各参与方之间的信息流通,共享是一个关键问题。信息化管理主线贯穿于整个项目,实现全寿命周期管理,如图5-3所示。实现流通节点确认及可追溯信息记录,并实现基于互联网、移动终端的动态适时管理。项目智能建造体系的全过程集成数据,为项目建成后的智能化运营管理提供了极大的便利。

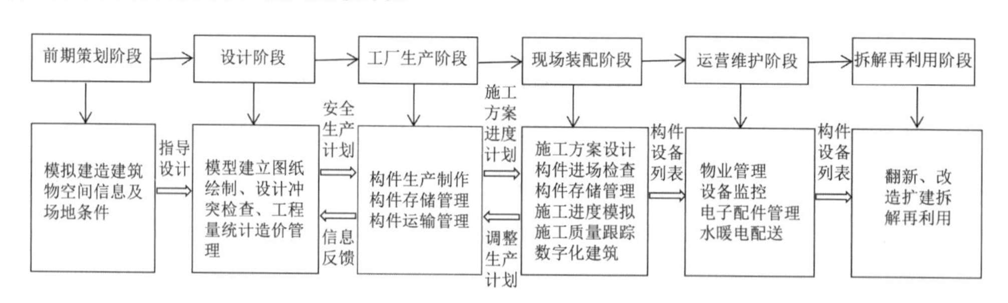

图5-3 BIM技术在装配式建筑工程全寿命周期管理中的应用框架

(一)建筑信息模型和无线射频识别技术在装配式建筑工程全寿命周期管理中的应用

建筑信息模型(BIM)有两个含义,狭义的概念是指包含建筑对象各种信息的数字化

模型,广义的概念则是在工程寿命周期内生产和管理数据的过程。BIM技术的到来为全生命周期管理理念的真正实践提供了可靠的技术支持。

无线射频识别技术(RFID)是一种非接触的自动识别技术,一般由电子标签、阅读器、中间件、软件系统四部分组成。它的基本特点是电子标签与阅读器不需要直接接触,只需要通过磁场或电磁场耦合来进行信息交换。

BIM参数化的模型及数据的统一性和关联性,使得BIM工程项目寿命周期不同阶段内各参与方之间的信息保持较高程度的透明性和可操作性,实现信息的共享和共同管理。上游信息及时、无损地传递到周边和下游阶段,而下游和周边的信息反馈后又对上游的工程活动做出控制。BIM理念要真正在工程实践中得以应用,必须将应用BIM作为其技术核心。

影响建筑工程项目按时、按价、按质完成的因素,基本上分为两大类:一是由于设计规划过程没有考虑到施工现场问题(如管线碰撞、可施工性差、工序冲突等),导致现场窝工、息工;二是施工现场的实际进度和计划进度不一致,而传统手工填写报告的方式,使得管理人员无法得到现场的实时信息,信息的准确度也无法验证,发生的问题解决不及时,进而影响整体效率。

BIM与RFID的配合可以很好地解决这些问题。对第一类问题,在设计阶段,BIM模型可以很好地对各专业工程师的设计方案进行协调,对方案的可施工性和施工进度进行模拟,解决施工碰撞等问题。对第二类问题,将BIM和RFID配合应用,使用RFID进行施工进度的信息采集工作,即时将信息传递给BIM模型,进而在BIM模型中表现实际与计划的偏差。如此,可以很好地解决施工管理中的核心问题——实时跟踪和风险控制。

(二)前期策划阶段的信息管理

分析场地和规划选址直接影响到建设项目的定位,传统方法存在主观因素过多、无法科学处理信息数据及定量分析不充足等问题。利用BIM技术,并与地理信息系统结合,能够模拟建造建筑物空间信息及场地条件,两者间相互补充,可对场地使用特点及条件进行评估,以实现场地规划最优化。

(三)设计阶段的信息管理

设计阶段主要是BIM发挥作用,其参数化、相互关联、协同一致的理念使得工程项目在设计规划阶段就由多方共同参与,解决传统模式下由于业主对建筑产品不满意或者由于各专业设计冲突而造成的设计变更等问题。

BIM提供了工程建设行业三维设计信息交互的平台,通过使用相同的数据交换标准

(一般国际上通用IFC标准)将不同专业的设计模型在同一个平台上合并,使得各参与方、各专业协同工作成为可能。例如,当结构工程师修改结构图时,如果对水电管线造成不利影响,在BIM模型中能立刻体现出来。另外,业主和施工方也能够在早期参与到设计工作中,对设计方案提出合理化的建议,将因设计失误和业主对建筑产品不满意而造成设计变更的可能性降至最低,解决传统设计中因信息流通不畅而造成的设计冲突问题。

在BIM中,工程量可以由计算机根据模型中的数据直接测算,提升了造价管理水平。同时,配合工程项目进度管理软件,可根据进度计划安排对项目的构件生产和现场安装施工过程进行模拟,对建设项目有更直观的了解和认识。

在预制件深化设计环节产生的BIM模型,包含预制构件的尺寸、重量、预埋件种类和数量、钢筋型号及物件属性信息等,并且能够生成准确的物料清单及其他数据,这些数据在信息化平台上传输到构件生产的厂家。

(四)工厂生产阶段的信息管理

依据信息化平台的构件数据,由工程项目施工管理人员根据项目布置图规划安排施工安装顺序,并以任务分配书的形式提交给生产管理人员,确定生产时间;生产管理人员再根据生产计划和工作日程安排,将深化设计数据转换成流水线机械能够识别的格式后进入生产阶段。

在构件的生产制造阶段,需要对构件置入RFID标签,标签内包含有构件单元的各种信息,以便于在运输、存储、施工吊装的过程中对构件进行管理。RFID标签的编码原则是:(1)唯一性,保证构件单元对应唯一的代码标志,确保其在生产、运输、吊装施工中运营维护阶段信息准确;(2)可扩展性,应考虑多方面因素,预留扩展区域,为可能出现的其他属性信息保留足够的容量,有含义确保编码卡的操作性和简单性,不同于普通商品无含义的“流水码”,建筑产品中构件的数量、种类都是提前预设的,且数量不大,使用有含义编码可加深编码的可阅读性,在数据处理方面有优势。运用RFID技术有助于实现精益建造中零库存、零缺陷的理想目标。根据现场的实际施工进度,迅速将信息反馈到构件生产工厂,调整构件的生产计划,减少待工待料发生概率。

在生产运输规划中主要应考虑三个方面的问题:一是根据构件的大小规划运输车次,某些特殊或巨大的构件单元要做好充分的准备;二是根据存储区域的位置规划构件的运输路线;三是根据施工顺序规划构件运输顺序。

(五)现场装配阶段的信息管理

预制构件从工厂运至现场时,由现场人员根据BIM模型上的数据对预制构件进行进场检验,确认预制构件的编号、尺寸、预埋和质量验收表。

在装配式建筑的施工管理过程中,应当重点考虑构件入场的管理和构件吊装施工中的管理两方面的问题。在此阶段,以RFID技术为主追踪监控构件存储吊装的实际进程,并以无线网络即时传递信息,同时将RFID与BIM结合,信息准确丰富,传递速度快,减少人工录入信息可能造成的错误,甚至无须人工介入,如在构件进场检查时,直接设置固定的RFID阅读器,只要运输车辆速度满足条件即可采集数据。

信息化技术可以提供详细的安装施工交底,通过BIM可以实现很好的可视化效果,并对部分节点做视频动画示意,达到施工模拟指导的效果。安装过程中,根据BIM提供的质量要点进行自检。根据质量控制节点,对预制构件的质量按规范和厂方质量体系要求进行质量评定,可对预制构件进行摄像和摄影,并将所有数据实时上传至信息化平台。

随着工程项目的推进,生成多媒体施工视频材料、安装进度计划表、安装质量检验报告、预制件安装验收报告。安装进度计划表供施工过程中进行进度计划调整;安装质量检验报告进行存档,供后期验收和维护使用。

(六)运营维护阶段的信息管理

在物业管理中,RFID在设施管理、门禁系统方面应用得很多,如在各种管线的阀门上安装电子标签,标签中存在有该阀门的相关信息,如维修次数、最后维护时间等,工作人员可以使用阅读器很方便地寻找相关设施的位置,每次对设施进行相关操作后,将相应的记录写入RFID标签中,同时将这些信息存储到集成BIM的物业管理系统中,这样就可以对建筑物中各中设施的运行状况有直观的了解。以往时有发生的装修钻断电缆、水管破裂找不到最近的阀门、电梯没有及时更换部件造成坠落等各种问题都会得以解决。

(七)拆解再利用阶段的信息管理

装配式建筑的改扩建、拆解再利用过程中,结合运用BIM和RFID标签也可以起到很好的管理作用。目前在欧美得到广泛应用的开放式建筑就是装配式建筑中的一种。开放式建筑中,用户在保持建筑承重的支撑体(如梁、柱、楼板等)的前提下,可以自由地选择内部填充体结构(如内隔墙、厨卫设备、管线等),此时应用RFID标签和BIM数据库,可以及时准确地将这些填充体构件安装到对应客户的房间中。当建筑物寿命结束时,通过RFID标签和BIM数据库中的信息,还可以判断其中的某些构件是否可以回收利用,可减少材料能源的消耗，满足可持续发展的需要。

三、装配式建筑工程全寿命周期集成管理系统

目前，建筑工程全寿命周期管理模式以其系统化、集成化和信息化的特征成为现代工程管理的新趋势。根据系统论的观点，可以将建筑工程看作一个系统。系统由多个子系统构成，在不同的维度划分为不同的子系统。以装配式建筑工程为例，将工程项目的时间维（过程维）、要素维、工程系统维进行三维的集成，构成装配式建筑工程管理的集成系统，如图5-4所示。在系统中以信息管理为手段，贯穿建筑工程管理的全过程，覆盖工程的各个子系统。

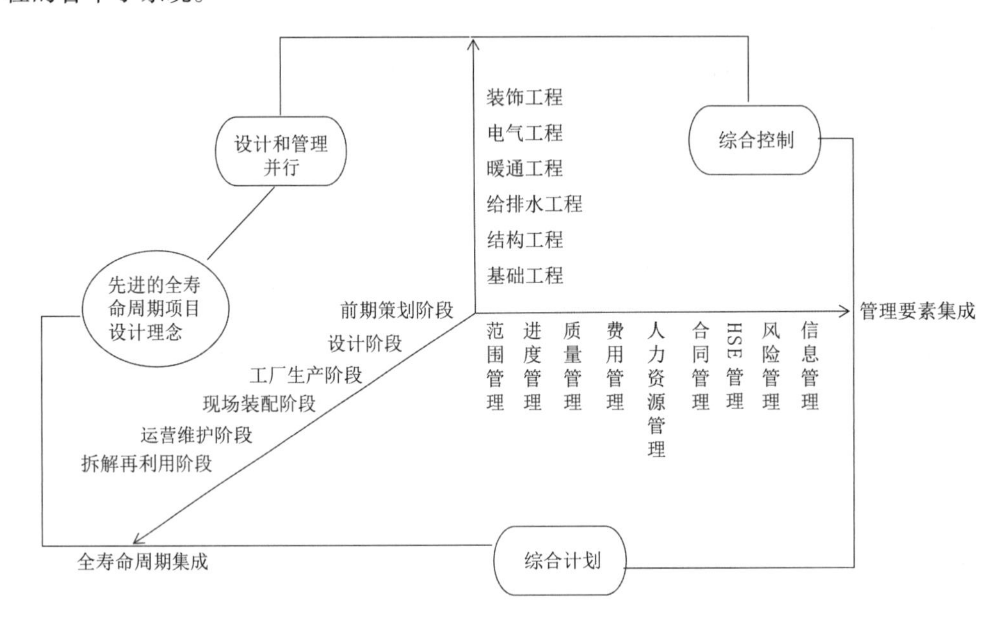

图5-4 装配式建筑工程集成管理系统

时间维（过程维）是实施全寿命周期建筑工程管理的各时间段的集成，包括了前期策划阶段、设计阶段、工厂生产阶段、现场装配阶段、运营维护阶段直至拆解再利用的全过程；要素维是指个管理要素的集成，包含了范围管理、进度管理、质量管理、费用管理、人力资源管理、合同管理、HSE管理、风险管理和信息管理等内容；工程系统维则是对装配式建筑工程进行系统分解，据其功能可分为基础工程、结构工程、给排水工程、暖通工程、电气工程和装饰工程等。

借助集成化的全寿命周期的工程管理模式，可以将装配式建筑工程的前期策划、设计、预制、装配、运营直至拆解的全过程作为一个整体，注重项目全寿命周期的资源节约、费用优化、与环境协调、健康和可持续性。在装配式建筑工程的全寿命周期中形成具有

连续性和系统性的管理理论和方法体系，在工程的建设和运营中能够持续应用和不断改进新技术，从而使装配式建筑在建设和运营全过程都经得起社会和历史的检验。

其中，全寿命周期建筑工程成本(LCC)管理在国内外的应用最为广泛。它是指从装配式建筑工程的长期经济效益出发，全面考虑项目或系统的规划、设计、制造、购置、安装、运营、维修、改造、更新，直至拆解再利用的全过程，即从整个工程全寿命周期的角度进行思考，侧重于项目决策、设计、预制、装配、运营维护等各阶段全部造价的确定与控制，使LCC最小的一种管理理念和方法。

任务三　装配式建筑工程项目质量管理

学习内容

学习装配式建筑工程项目质量管理的定义、原则、制度，以及装配式建筑工程项目全过程的质量管理，学习装配式建筑施工质量控制原则和措施的相关知识内容。

具体要求

1. 掌握装配式建筑工程项目质量管理的定义、原则和制度。
2. 了解装配式建筑工程项目全过程的质量管理。
3. 熟悉装配式建筑施工质量控制原则和措施。

一、工程项目质量管理

(一)工程项目质量管理的定义

工程项目质量管理是指为保证提高工程项目质量而进行的策划和控制的协调活动。协调活动通常包括制定质量方针和质量目标，以及质量的策划、控制、保证和改进。它的目的是以尽可能低的成本，按既定的工期和质量标准完成建设项目。它的任务就在于建立和健全质量管理体系，用企业的工作质量来保证工程项目产品质量。

工程项目质量管理是综合性的工作，项目质量管理涉及所有的项目管理职能和过程，包括项目前期策划、项目计划、项目控制的质量，以及范围管理、工期管理、成本管理、组织管理、沟通管理、人力资源管理、风险管理、采购管理和综合性管理等过程。

(二)工程项目质量管理的原则

1.质量第一

在质量、进度、成本的三者关系中,认真贯彻"质量第一"的方针,而不能牺牲工程项目的质量,盲目追求速度与效益。

2.预防为主

现代质量管理的基本信条之一:质量是规划、设计和建造出来的,而不是检查出来的。预防错误的成本通常比在检查中发现并纠正错误的成本少得多。

3.用户满意

工程项目质量管理的目的是为项目的用户(顾客)和其他项目相关者提供高质量的工程和服务,实现项目目标,使用户满意。

4.用数据说话

工程项目组织应收集各种以事实为根据的数据和资料,应用数理统计方法,对工程项目质量活动进行科学的分析,及时发现影响工程项目质量的因素,采取措施解决问题。同时项目管理者在质量管理决策时,要有可靠、充足的信息和数据,从而保证项目质量管理体系的正常运行。

二、工程项目质量管理制度

(一)工程项目质量监督管理制度

1.监督管理部门

国务院建设行政主管部门对全国的建设工程项目质量实施统一监督管理。国务院铁路、交通、水利等有关部门按照国务院规定的职责分工,负责对全国的有关专业建设工程项目质量的监督管理。

县级以上地方人民政府建设行政主管部门,对本行政区域内的建设工程项目质量实施监督管理。县级以上地方人民政府交通、水利等有关部门在各自的职责范围内,负责对本行政区域内的专业建设工程项目质量的监督管理。

2.监督检查的内容

国务院建设行政主管部门和国务院铁路、交通、水利等有关部门,应当加强对有关建设工程项目质量的法律、法规和强制性标准的执行情况实施监督检查。

国务院发展计划部门按照国务院规定的职责,组织稽查特派员,对国家出资的重大建设项目实施监督检查。

国务院经济贸易主管部门按照国务院规定的职责，对国家重大技术改造项目实施监督检查。

县级以上地方人民政府建设行政主管部门和其他有关部门应当加强对有关建设工程项目质量的法律、法规和强制性标准的执行情况实施监督检查。

建设工程项目质量监督管理，可以由建设行政主管部门或者其他有关部门委托的建设工程质量监督机构具体实施。

（二）工程项目施工图设计文件审查制度

建设单位应当将施工图设计文件，报县级以上人民政府主管部门或者其他有关部门审查。施工图设计文件未经审查批准的，不得使用。

（三）工程项目竣工验收备案制度

建设单位应自工程竣工验收合格之日起15天内，将建设工程竣工验收报告和规划、公安消防、环保部门出具的认可文件或者准许使用文件，报建设行政主管部门或者其他有关部门备案。

建设行政主管部门或者其他有关部门发现建设单位在竣工验收工程中有违反国家有关工程项目质量管理规定行为的，责令停止使用，重新组织竣工验收。

（四）工程项目质量事故报告制度

工程项目发生质量事故，有关单位应当在24小时内向当地建设行政主管部门和其他有关部门报告。对重大质量事故，事故发生地的建设行政主管部门和其他有关部门，应当按照事故类别和等级向当地人民政府与上级建设行政主管部门以及其他有关部门报告。

特别重大质量事故的调查程序按照国务院有关规定办理。

任何单位和个人对建筑工程的质量事故、质量缺陷都有权检举、控告、投诉。

（五）工程项目质量检测制度

工程项目质量检测机构是对工程和建筑构件、制品，以及建筑现场所用的有关材料、设备质量进行检测的法定单位，所出具的检测报告具有法定效力。当发生工程质量责任纠纷时，国家级检测机构出具的检查报告在国内是最终裁定，在国外具有代表国家的性质。

工程质量检测机构的检查依据是国家、部门和地区颁发的有关建设工程的法规和技术标准。

(1)我国的工程质量检测体系是由国家级、省级、市(地区)级、县级检测机构所组成。

国家建设工程质量检测中心是国家级的建设工程质量检测机构。

省级的建设工程质量检测中心,由省级建设行政主管部门和技术监督管理部门共同审查认可。

(2)各级检测机构的工作权限。国家检测中心受国务院建设行政主管部门的委托,有权对指定的国家重点工程进行检查复核,向国务院建设行政主管部门提出检测复核报告和建议。

各地检测机构有权对本地区正在施工的建筑工程所用的建筑材料、混凝土、砂浆和建筑构件等进行随机抽样检测,向本地建设行政主管部门和工程质量监督部门提出抽检报告和建议。

(六)工程项目质量保修制度

工程自办理竣工验收手续后,在规定的期限内,因勘察设计、施工、材料等原因造成的工程质量缺陷,要由施工单位负责维修、更换。

工程质量缺陷是指工程不符合国家现行的有关技术标准、设计文件以及合同中对质量的要求。

(七)质量认证制度

质量认证制度是由可以充分信任的第三方证实某一经鉴定的产品或服务符合特定标准或规范性文件的制度。质量认证就是当第一方(供方)生产的产品第二方(需方)无法判定其质量时,由第三方站(认证机构)在中立的立场上,通过客观公正的方式来判定质量。

按照认证对象的不同,质量认证可以分为产品质量认证和质量体系认证两大类。如果把工程项目作为一个整体产品来看,因它具有单件性和通过合同定制的特点,因此不能像一般市场产品那样对它进行认证,而只能对其形成过程的主体单位,即对从事工程项目勘察、设计、施工、监理、检测等单位的质量体系进行认证,以确认这些单位是否具有按标准规范要求保证工程项目质量的能力。

质量认证不实行终身制,质量认证证书的有效期一般为三年,认证机构对获证的单位还需进行定期和不定期的监督检查,在监督检查中如发现获证单位在质量管理中有较大、较严重的问题时,认证机构有权采取暂停认证、撤销认证及注销认证等处理方法,以保证质量认证的严肃性、连续性和有效性。

三、装配式建筑工程项目质量管理

相比已经非常成熟的现浇混凝土结构工程而言，装配式工程设计和建造过程除了需要各工程实施主体高标准、精细化管理外，还需要工程管理单位统筹工程方案和施工图设计、构件深化设计、预制构件生产、安装施工以及工程验收等全过程的质量管理。

（一）设计质量管理

装配式混凝土结构工程设计分方案设计、施工图设计、深化设计三个阶段进行，工程设计单位应对各个阶段的设计工作质量总体协调，审查三阶段的设计质量和设计深度。实施阶段，设计单位需派遣设计人员全过程参与装配式混凝上工程项目的配合工作，大中型、重点装配式混凝土工程项目的施工现场应设立代表处或者派驻设计代表，随时掌握施工现场的进展情况，及时解决与设计有关的技术问题（如解答施工图纸中存在的疑问、施工中出现与图纸不符情况的处理、设计变更、与设计有关的工程问题的洽商等），认真做好设计技术服务工作。

1.方案设计

装配式混凝土建筑的设计单位除了具有国家规定的设计资质，并在其资质等级许可的范围内承揽工程设计任务外，还应该具有丰富的装配式工程实施经验。装配式建筑规划及方案设计应结合建筑功能、建筑造型，从建筑整体设计入手，无论是预制建筑方案设计，还是预制结构方案设计，都要由专业顾问参与指导，规划好各部位拟采用的工业化部件和构配件，并实现部件和构配件的标准化、定型化和系列化。

施工图设计的质量，决定着工程建设的性价比，直接决定着工程结构安全和使用功能。施工图设计应按照建筑设计与装修设计一体化的原则，对户内管线、用水点及电气点位等准确定位，满足装修一次到位的要求，保证建筑设计与装修设计的一致性。楼梯间、门窗洞口、厨房和卫生间的设计，要重点检查是否符合现行国家标准的有关规定。

装配式建筑施工图设计，除了要在平面、立面、剖面准确表达预制构件的应用范围、构件编号及位置、安装节点等要求外，还应包括典型预制构件图、配件标准化设计与选型、预制构件性能设计等内容。施工图设计必须满足后续预制构件深化设计要求，在施工图初步设计阶段就与深化设计单位充分沟通，将装配式要求融入施工图设计中，减少后续图纸变更或更改次数。确保施工图设计图纸的深度，以及对深化设计需要协调的要点已经充分清晰地表达出来了。

装配式建筑施工因设计文件须经施工审查机构审查，施工图审查机构应严格按照国家有关标准、规范的要求对施工图设计文件进行审查。在对标准规范理解不清或超出规定的情况下,可以依据专家评审意见进行施工图审查。

2.深化设计

构件加工深化设计工作作为装配式建筑的专项设计,具有承上启下、贯穿始终的作用,直接影响工程项目实施的质量与成本。在选择深化设计单位时应在调查研究的基础上,委托长期从事预制技术研究和有工程应用经验的咨询单位进行深化设计,深化设计单位应具备丰富的装配式建筑方案设计、构件深化设计、生产区安装的专业能力和实际经验,对项目方案设计、施工图设计、构件生产及构件安装的产业化整体质量管理计划具备协调控制能力,为后续生产、安装的顺利实施做好准备。

预制构件施工图深化设计,包括平立面安装布置图、典型构件安装节点详图、预制构件安装构造详图、各部分的专业设计、预留预埋件定位图。预制构件加工图深化设计包括预制构件图(如有要求含面层装饰设计图区节能保温设计图)、构件配筋图、生产及运输用配件详图等。

在深化设计前,深化设计人员应仔细审核建筑结构、水、暖、电等设备施工图,解决遗漏、矛盾等问题,提出深化设计工作计划。深化设计过程应加强与预制构件厂及施工单位的配合,确保深化设计成果满足实施要求。深化设计工作完成后,应提交给工程设计单位进行审核确认;确认无误后,构件深化设计图纸即可作为装配式混凝土结构工程的实施依据。

(二)预制构件生产质量管理

为了确保预制构件质量,构件生产要处于严格的质量管理和控制之下,质量管理要对构件生产过程中的试验检测、质量检验工作制订明确的管理要求,保持质量管理有效运行和持续改进。福建省建筑产业现代化协会制定了《装配式建筑部件部件认证实施细则》,以保障部件和工业化建筑的质量和安全。

1.预制构件质量管理要求

预制构件(部件)质量管理体系,是体现预制构件生产企业质量保证能力的基本要求,也是企业申请装配式建筑部件认证的基本条件。其具体要求如下。

(1)生产企业具备构件生产的软硬件设施条件。

(2)生产企业有管控部件质量的标准,包括具有部件的产品质量标准、检测技术标准。

(3)部件质量应符合标准,应有生产企业的检测报告或者第三方检测报告。

(4)生产企业应具备生产深化设计与安装一体化能力,包括部件的生产、应用设计、施工、现场装配及验收。

(5)生产企业应保证运输全过程部件的质量,运至现场的部件出现的质量问题由生产企业负责更换。

(6)预制构件应在易于识别的部位设置出厂标志,表明生产企业的名称、制作日期、品种、规格、编码等信息。

2.预制构件质量检验内容

预制混凝土构件生产质量检验可分为模具质量检验、钢筋及混凝土原材料质量检验、预埋件区配件质量检验、构件生产过程中各工序质量检验、构件成品检验以及存放和运输检验等六部分内容,每部分检验工作都应该制订相应的质量检验制度和方案,规定检验的人员和职责、取样的方法和程序、检验批量的规则、质量标准、不合格情况的处理、检验记录的形成、资料传递和保存等,确保各项质量检验得以严格和有效的执行,并保持质量的可追溯性。

3.预制构件资料管理

预制构件资料包含预制构件工厂自身存档资料和构件交付时应提供的验收资料两部分,后者是前者中的一部分,在构件现场交付时作为质量证明所用。

(1)预制构件工厂的资料管理

预制构件工厂资料是预制构件生产全过程质量完整的真实记录,包括图纸和设计文件资料,生产组织、技术方案和操作指导技术资料,原材料厂家和进场检验资料,过程操作资料,质量检验和控制资料,必要的检测报告文件以及合格证资料等。

预制工厂应根据要求建立技术资料管理规定,并应形成的资料明细和责任部门,采用清单式辅助管理,从原材料、加工过程到成品的质量检查记录均应真实详细,记录及时。预制工厂构件资料应按有关要求进行收集、整理、存档保存,保存方式、年限和储存环境应符合要求,以备索引、检查和生产质量追溯。

(2)预制构件工厂提供的资料

施工单位或监理应对运输到场的预制构件质量和标志进行查验,确认满足要求且与所提供资料相符后方可卸车。构件交付时提供的资料应以设计要求或合同约定为准,一般仅提供如下质量证明文件:预制构件出厂后合格证(混凝土强度、主要受力钢筋、其他特殊要求)、结构性能证明文件(结构性能检验报告或加强措施质量证明文件)、装饰保温性能证明文件和其他必要的证明文件。

（三）现场施工质量管理

装配式混凝土结构工程施工，应制订施工组织设计和专项施工方案，提出构件安装方法和节点施工方案等。装配式混凝土结构工程施工质量管理的重点环节有预制构件进场验收、施工准备、构件安装就位、节点连接施工。要做好质量管理协调工作，制订相应的质量保证措施。

1. 预制构件的运输与堆放

施工现场距离生产构配件的工厂一般较远，需要有专业的运输车辆将构配件运至施工现场，并需要在运送途中对构配件做出相应的保护措施。构配件到达施工现场后，还要对构配件进行合理的堆放和适当的养护，以免因自然因素或人为因素影响而受损，从而影响建筑质量。

《福建省预制装配式混凝土结构技术规程》要求企业制定预制构件的运输与堆放方案，其内容应包括运输时间、次序、堆放场地、运输线路、固定要求、堆放支垫及成品保护措施等。对于超高、超宽、形状特殊的大型构件的运输和堆放应有专门的质量安全保证措施。构配件堆放场地规划不合理以及构配件不科学堆放，都会影响以后的施工质量。

2. 施工准备

施工准备工作对整个装配式建筑施工阶段的质量控制起着举足轻重的作用，对于识别和控制施工准备工作中影响质量的因素具有重要意义。装配式结构施工前应编制专项施工方案和相应的计算书，并经监理审核批准后方可实施。

施工机械质量水平、施工人员的专业水平，以及现场基础设施设置情况都会对施工质量产生影响。此外，具有完备的图纸会审会议纪要、质量规划方案和施工方案，也是装配式施工可顺利完成的重要因素。

3. 构件安装就位、节点连接施工

装配式建筑与传统现浇建筑的一个重大区别在于施工方式发生了重大变革，由此也造成了施工现场的人员比例和相关的施工机械配置产生了重大变化。要充分发挥装配式建筑的施工效益，很重要的一点就是使技术娴熟的工人与性能良好的施工机械之间产生有机结合。

在装配式施工过程中容易出现施工人员不按照规范和说明对主要机械设备进行操作，例如运输设备、吊装设备以及灌浆专用设备等，不仅会降低施工质量，还会导致机械性能的下降。此外，关键部位的施工不善也会对施工质量造成直接影响。例如，梁板柱等构配件的结合不仅需要搭接，构配件吊装不到位也会直接影响到结构整体受力性能的发挥。构配件的关键部位施工需要谨慎对待,任何方面的疏忽都有可能造成质量损失。

4.质量管理协调

装配式建筑在施工技术上比传统的现浇式建筑有了突破性的进展。在技术水平有了较大发展的情况下,必然要求组织管理也产生相应的变革。施工方需要与构配件厂就构配件的质量进行协调;同设计单位就技术交底、图纸交底以及某些不可避免的设计变更进行积极协调。为了保证工程验收质量,工程收尾时要请业主方、监理方进行必要的验收工作,尤其是做好构配件搭接部位和灌浆部位的质量验收。与此同时,劳务分包方也应做好管理协调工作,保证施工顺利完成。

四、装配式建筑施工质量控制原则与措施

(一)质量控制原则

1.兼顾事前、事中、事后控制

事前控制是重点,这是由工程项目质量的内在特点决定的。在施工之前,应对影响装配式施工质量的因素进行细致分析,对装配式建筑施工程序中的常见问题提出解决方案,从而保证工程质量。如果事前控制工作准备不充分,施工过程中一旦发生质量问题,将需要花费大量人力和物力去弥补,后果不堪设想。

事中控制重点在于对施工过程的控制。装配式建筑施工相对于传统的现浇结构施工有很大的不同,要以施工中的构配件运输、堆放、检验和安装等一系列过程为主线,提高工人的技术水平,配备相应的起重吊装设备,强调对各工序的验收,严格执行装配式建筑的各项规范,最终确保装配式结构的施工质量。

事后总结要及时。事后总结经验是为了更好地指导今后的实践。装配式建筑在我国刚刚兴起,发展还不成熟,可参考的数据资料很少。所以,施工方在施工过程中,为了获得稳定可靠的一手资料,要注意对现场情况的实时记录,并委派业务素质较高的专门人员进行记录。企业对施工记录的资料进行系统分析,可以比较准确地掌握影响施工质量的因素,进而为提高质量水平做出一系列必要措施,增强自身的竞争水平,为以后进行同类型的施工作依据。

2.加强内部控制和外部控制

装配式建筑施工过程中,存在着影响施工质量的诸多因素。预制构件质量问题和不可避免的设计变更等,是需要项目参与各方共同应对的问题,应该以合同的方式来约定各参与方的权利和义务,在履行自身义务的同时也要监督对方履行应尽的义务。

加强人员与机械操作因素的控制，由于这部分活动完全由施工方承担，因此以经济手段和技术手段为主进行内部控制。

3.树立系统观念

施工企业进行工程项目建设的过程并不是孤立进行的，需要将工程项目各参与方视为一个系统，那么施工方是这个系统中的一个子系统。系统水平的高效发挥需要各子系统的有机协作。施工方要想使施工质量控制达到良好效果，必须树立系统观念，在立足自身的基础上与其他各参与方积极协调，达到质量控制的目标。

4.持续改进原则

因为装配式建筑在我国尚处于发展的初级阶段，所以，在项目实施的各阶段均存在很大的提升空间。注意总结自身在装配式施工前后的资料记录，并对关键工序如构配件的吊装和搭接等进行总结。同时，也要借鉴和学习他人的施工经验，与建设方、设计方就构配件的安装验收和交底等关键技术问题进行深入交流，从而不断改进装配式建筑的施工质量。

（二）质量控制措施

装配式建筑施工质量控制应当综合运用项目管理中的四种措施：合同措施、组织措施、经济措施和技术措施，针对不同施工质量影响因素所采取的措施应有所侧重，处理不同的风险因素，采取不同的措施，才能取得良好效果。

1.预制构件运输与堆放的质量控制措施

预制构件的生产过程与施工过程的质量监管方式不同。预制构件进场时，施工方应当采取各种技术措施加强检验，对于不合格的构配件应要求置换；要与预制构件供应单位签订供应合同，明确对有质量问题的构配件的处理方法；运输过程中，应制定合理的运输方案，防止预制构件在运输途中受损；预制构件到场后的养护或在使用中出现损坏，由施工方承担损失，因此，施工方要组织人员，采取相应的措施对预制构件进行养护，防止发生质量损失。

2.针对施工准备的质量控制措施

施工准备阶段要编制详细的装配式施工质量控制规划。对施工人员教育培训是实现质量控制目标的重要措施，施工方要加强对工人的技术培训，提高他们的水平，保证施工进行时的质量，尤其要加强对工人进行预制构件节点连接及工序穿插的培训。技术人员应当对图纸会审给予充分重视，了解装配式建筑施工图与传统施工图的差异，同时编制合理的装配式施工方案，从而为吊装工作做准备。

3.构件安装就位、节点连接施工的质量控制措施

构件安装就位、节点连接施工阶段,人员与机械的组织是施工方需要重点控制的,组建一个强有力的以项目经理为首的项目部,项目部下设的各个部门应该加强沟通,认真履行义务,责任到人,明确每个人员的职责和权利,条件充分的话要设置质量小组,小组成员要密切监控各自责任范围内的质量因素。对于施工中工序的衔接、构配件之间的搭接以及套筒灌浆施工更需要引起施工方的特别注意,只有组织、技术和经济措施多管齐下,才能保证装配式施工质量效果。

4.管理协调的措施

管理协调因素对质量控制的影响具有综合性,上述三项措施都是针对某种因素进行的,而管理协调则将装配式建筑施工过程中的各参与方进行系统考虑、综合分析及宏观调控,这需要施工方具备高超的管理水平。施工方的最佳策略就是对内综合使用经济措施、技术措施和组织措施,实现内部的良好运转;对外主要以合同措施为基础,提高自身的沟通交流水平,避免其他参与方的失误影响施工质量,从而实现质量控制的目标。

总之,在装配式建筑施工过程中,质量控制是装配式建筑顺利推广与应用的重要环节。系统地归纳装配式建筑施工过程中常见的质量问题、产生的原因及可能造成的不良影响,是装配式建筑质量控制的重要前提。监控装配式建筑施工过程的质量,有助于丰富和完善工程项目管理理论,也有助于施工方逐步完善装配式建筑的施工工艺,提高装配式建筑的施工质量,逐步建立装配式建筑全面、系统的质量控制方法,提升装配式建筑的质量。

课后习题

1.什么是工程总承包模式?

2.装配式建筑工程全寿命周期由哪几方面组成?

3.工程项目质量管理的定义是什么?

3.质量控制原则有哪几个要素?

项目六　装配式混凝土结构施工质量控制与验收

项目描述

装配式混凝土结构的质量，直接决定工程整体的质量。因此，要注重控制混凝土以及预制构件的性能，应在施工之前，依照规定和标准，详细检查构件是否有残缺现象，明确所有构件是否合格，而后开展验收工作。在验收中充分了解混凝土结构是否完好，搞清楚混凝土结构是否合格，进而对质量加强管理，确保验收的混凝土结构质量达标，以此保证工程顺利竣工。

任务一　预制构件生产过程监造

学习内容

建设单位、施工单位、监理单位应根据规定和需求配置驻厂监造人员。驻厂监造人员应履行相关责任，对关键工序进行生产过程监督。

具体要求

1. 掌握预制构件生产过程中的质量控制技术要点。
2. 了解预制构件出厂质量控制的相关规定。

一、监造环节

建设单位、施工单位、监理单位应根据规定和需求配置驻厂监造人员。驻厂监造人员应承担相关责任对关键工序进行生产过程监督,并在相关质量证明文件上签字。除有专门设计要求外,有驻厂监造的构件可不做结构性能检验。

驻厂监造人员应根据工程特点编制监造方案(细则),监造方案(细则)中应明确监造的重点内容及相应的检验、验收程序。在一般情况下,驻厂监造可按“三控二管一协调”的相关要求开展工作,其中重点是质量安全的管控,并参与进度控制和协调。

二、质量控制技术要点

(一)原材料

参考施工现场的程序,进行见证取样。其中灌浆套筒、套筒灌浆料、保温材料、保温板连接件、受力型预埋件的抽样应全过程见证。对由热轧钢筋制成的成型钢筋,当能提供原材料力学性能第三方检验报告时,可仅进行重量偏差检验。对于已入厂但不合格的产品,必须要求厂方单独存放,杜绝投入生产。

(二)模具

对模台清理、隔离剂的喷涂、模具尺寸等做一般性检查;对模具各部件连接、预留孔洞及埋件的定位固定等做重点检查,如表6-1所示。

表6-1 模具上预埋件、预留孔洞模具安装允许偏差

<table>
<tr><th>序号</th><th colspan="2">检验项目</th><th>允许偏差/mm</th><th>检验方法</th></tr>
<tr><td rowspan="2">1</td><td rowspan="2">预埋钢板、建筑幕墙用槽式预埋组件</td><td>中心线位置</td><td>3</td><td>用尺测量纵横两个方向的中心线位置,取其中较大值</td></tr>
<tr><td>平面标高</td><td>±2</td><td>用直尺和塞尺检查</td></tr>
<tr><td>2</td><td colspan="2">预埋管、电线盒、电线管水平和垂直方向的中心线位置偏移、预留孔、浆锚搭接预留孔(或波纹管)</td><td>2</td><td>用尺测量纵横两个方向的中心线位置,取其中较大值</td></tr>
<tr><td rowspan="2">3</td><td rowspan="2">插筋</td><td>中心线位置</td><td>3</td><td>用尺测量纵横两个方向的中心线位置,取其中较大值</td></tr>
<tr><td>外露长度</td><td>+10,0</td><td>用尺测量</td></tr>
<tr><td rowspan="2">4</td><td rowspan="2">吊环</td><td>中心线位置</td><td>3</td><td>用尺测量纵横两个方向的中心线位置,取其中较大值</td></tr>
<tr><td>外露长度</td><td>0,-5</td><td>用尺测量</td></tr>
<tr><td rowspan="2">5</td><td rowspan="2">预埋螺栓</td><td>中心线位置</td><td>2</td><td>用尺测量纵横两个方向的中心线位置,取其中较大值</td></tr>
<tr><td>外露长度</td><td>+5,0</td><td>用尺测量</td></tr>
</table>

续表

序号	检验项目		允许偏差/mm	检验方法
6	预埋螺母	中心线位置	2	用尺测量纵横两个方向的中心线位置,取其中较大值
		外露长度	±1	用直尺和塞尺检查
7	预留洞	中心线位置	3	用尺测量纵横两个方向的中心线位置,取其中较大值
		外露长度	+3,0	用尺测量纵横两个方向尺寸,取其中较大值
8	灌浆套筒及连接钢筋	灌浆套筒中心线位置	1	用尺测量纵横两个方向的中心线位置,取其中较大值
		连接钢筋中心线位置	1	用尺测量纵横两个方向尺寸,取其中较大值
		连接钢筋外露长度	+5,0	用尺测量

(三)钢筋及预埋件

对钢筋的下料、弯折等做一般性检查;对钢筋数量、规格、连接及预埋件、门窗及其他部件的尺寸偏差做重点检查,如表6-2至表6-4所示。

表6-2　钢筋成品的允许偏差和检验方法

项目			允许偏差/mm	检验方法
钢筋网片	长、宽		±5	用钢尺检查
	网眼尺寸		±10	用钢尺量连续三挡,取最大值
	对角线		5	用钢尺检查
	端头补齐		5	用钢尺检查
钢筋骨架	长		-5	用钢尺检查
	宽		±5	用钢尺检查
	高(厚)		±5	用钢尺检查
	主筋间距		±10	用钢尺量两端、中间各一点,取最大值
	主筋排距		±5	用钢尺量两端、中间各一点,取最大值
	箍筋间距		±10	用钢尺量连续三挡,取最大值
	弯起点位置		15	用钢尺检查
	端头补齐		5	用钢尺检查
	保护层	柱、梁	±5	用钢尺检查
		板、墙	±3	用钢尺检查

表6-3 预埋件加工允许偏差

序号	检验项目		允许偏差/mm	检验方法
1	预埋件锚板的边长		0,-5	用钢尺测量
2	预埋件锚板平整度		1	用直尺和塞尺测量
3	锚筋	长度	10,-5	用钢尺测量
		间距偏差	±10	用钢尺测量

表6-4 门窗框安装允许偏差和检验方法

项目		允许偏差/mm	检验方法
锚固脚片	中心线位置	5	用钢尺检查
	外露长度	+5,0	用钢尺检查
门窗框位置		2	用钢尺检查
门窗框高、宽		±2	用钢尺检查
门窗框对角线		±2	用钢尺检查
门窗框平整度		2	用钢尺检查

(四)混凝土

对混凝土的制备、浇筑、振捣、养护等做一般检查;对混凝土抗压强度检测及试件制作、脱模及起吊强度等进行重点检查。

三、构件出厂质量控制

预制构件出厂时,驻厂监造人员应对所有待出厂构件进行详细检验,并在相关证明文件上签字。没有驻厂监造人员签字的,不得列为合格产品。构件外观质量不应有缺陷,对已经出现的严重缺陷应按技术处理方案进行处理并重新检验,对出现的一般缺陷应进行修整并达到合格。驻厂监造人员应将上述过程认真记录并备案。预制构件经检查合格后,要及时标记工程名称、构件部位、构件型号及编号、制作日期、合格状态、生产单位等信息,这是生产信息化管理中的重要一环。

预制构件尺寸偏差及预留孔、预留洞、预埋件、预留插筋、键槽的位置和检验方法应符合下列规定:

(1)预制板类构件尺寸偏差及预留孔、预留洞、预埋件、预留插筋、键槽的位置和检验方法应符合表6-5中的要求。

(2)预制墙板类构件尺寸偏差及预留孔、预留洞、预埋件、预留插筋、键槽的位置和检验方法应符合表6-6中的要求。

(3)装饰构件的装饰外观尺寸偏差和检验方法应符合表6-7中的要求。

表6-5　预制板类构件外形尺寸允许偏差及检验方法

项次	检查项目			允许偏差/mm	检验方法
1	规格尺寸	长度	<12 m	±5	用尺量两端及中间部,取其中偏差绝对值较大值
			≥12 m且<18 m	±10	
			≥18 m	±20	
2		宽度		±5	用尺量两端及中间部,取其中偏差绝对值较大值
3		高度		±5	用尺量板四角和四边中部位置共8处,取其中偏差绝对较大值
4	对角线			6	在构件表面,用尺测量对角线的长度,取其绝对值的差值
5	外形	表面平整度	内表面	4	用2 m靠尺安放在构件表面上,用楔形塞尺测量靠尺与表面之间的最大缝隙
			外表面	3	
6		楼板侧向弯曲		L/750且≤20	拉线,钢尺量最大弯曲处
7		扭翘		L/750	四对角拉两条线,测量两线交点之间的距离,其值的2倍为扭翘值
8	预埋部件	预埋钢板	中心线位置偏差	5	用尺测量纵横两个反向的中线位置,取其中较大值
			平面高差	−5	用尺紧靠在预埋件上,用楔形塞尺测量预埋件平面与混凝土面的最大缝隙
9		预埋螺栓	中心线位置偏移	2	用尺测量纵横两个方向的中心线位置,取其中较大值
			外露长度	+10,−5	用尺量
10		预埋线盒、电盒	在构件平面的水平方向中线位置偏差	10	用尺量
			与构件表面混凝土高差	0,−5	用尺量
11	预留孔		中心线位置偏差	5	用尺测量纵横两个方向的中心线位置,取其中较大值
			孔尺寸	±5	用尺测量纵横两个方向尺寸,取其中较大值
12	预留洞		中心线位置偏移	5	用尺测量纵横两个方向的中心线位置,取其中较大值
			洞口尺寸、深度	±5	用尺测量纵横两个方向尺寸,取其中较大值
13	预留插筋		中心线位置偏移	3	用尺测量纵横两个方向的中心线位置,取其中较大值
			外露长度	±5	用尺量

续表

项次	检查项目		允许偏差/mm	检验方法
14	吊环、木砖	中心线位置偏移	10	用尺测量纵横两个方向的中心线位置,取其中较大值
		留出高度	0,-10	用尺量
15	桁架钢筋高度		+5,0	用尺量

表6-6 预制墙板类构件外形尺寸允许偏差及检验方法

项次	检查项目			允许偏差/mm	检验方法
1	规格尺寸	高度		±4	用尺量两端及中间部,取其中偏差绝对值较大值
2		宽度		±4	用尺量两端及中间部,取其中偏差绝对值较大值
3		高度		±3	用尺量板四角和四边中部位置共8处,取其中偏差绝对较大值
4	对角线差			5	在构件表面,用尺测量对角线的长度,取其绝对值的差值
5	外形	表面平整度	内表面	4	用2 m靠尺安放在构件表面上,用楔形塞尺测量靠尺与表面之间的最大缝隙
			外表面	3	
6	侧向弯曲			L/1000且≤20	拉线,钢尺量最大弯曲处
7	扭翘			L/1000	四对角拉两条线,测量两线交点之间的距离,其值的2倍为扭翘值
8	预埋部件	预埋钢板	中心线位置偏差	5	用尺测量纵横两个反向的中心线位置,取其中较大值
			平面高差	0,-5	用尺坚靠在预埋件上,用楔形塞尺测量预埋件平面与混凝土面的最大缝隙
9		预埋螺栓	中心线位置偏移	2	用尺测量纵横两个方向的中心线位置,取其中较大值
			外露长度	+10,-5	用尺量
10		预埋套筒、螺母	中心线位置偏移	2	用尺测量纵横两个方向的中心线位置,取其中较大值
			平面高差	0,-5	用尺紧靠在预埋件上,用楔形塞尺测量预埋件平面与混凝土面的最大缝隙
11	预留孔		中心线位置偏差	5	用尺测量纵横两个方向的中心线位置,取其中较大值
			孔尺寸	±5	用尺测量纵横两个方向尺寸,取其中较大值

续表

项次	检查项目		允许偏差/mm	检验方法
12	预留洞	中心线位置偏移	5	用尺测量纵横两个方向的中心线位置，取其中较大值
		洞口尺寸、深度	±5	用尺测量纵横两个方向尺寸，取其中较大值
13	预留插筋	中心线位置偏移	3	用尺测量纵横两个方向的中心线位置，取其中较大值外露长度，用尺量
14	吊环、木砖	中心线位置偏移	10	用尺测量纵横两个方向的中心线位置，取其中较大值
		留出高度	0，-10	用尺量
15	键槽	中心线位置偏移	5	用尺测量纵横两个方向的中心线位置，取其中较大值
		长度、宽度	±5	用尺量
		深度	±5	用尺量

表6-7　装饰构件装饰外观尺寸允许偏差及检验方法

项次	装饰种类	检查项目	允许偏差/mm	检验方法
1	通用	表面平整度	2	用2 m靠尺或塞尺检查
2	面砖石材	阳角方正	2	用托线板检查
3		上口平直	2	拉通线用钢尺检查
4		接缝平直	3	用钢尺或塞尺检查
5		接缝深度	±5	用钢尺或塞尺检查
6		接缝宽度	±2	用钢尺检查

任务二　预制构件进场质量控制

学习内容

预制构件在工厂制作、现场组装时需要较高的精度，同时每个预制构件具有唯一性。一旦某个构件有缺陷，势必会对工程质量、安全、进度、成本造成影响。作为装配式混凝土结构的基本组成单元，也是现场施工的第一个环节，预制构件进场验收至关重要。

具体要求

1. 了解预制构件进场现场质量验收程序。

2. 掌握预制构件进场质量验收时相关资料的检查。

3. 掌握预制构件外观质量的检查要求。

一、现场质量验收程序

预制构件进场时,施工单位应先进行检查,合格后再由施工单位会同构件厂、监理单位、建设单位联合进行进场验收。

预制构件进场时,在构件明显部位必须注明生产单位、构件型号、质量合格标志;预制构件外观不得存在对构件受力性能、安装性能、使用性能有严重影响的缺陷,不得存在影响结构性能和安装、使用功能的尺寸偏差。下面分别按预制构件资料及实体进行阐述。

二、预制构件相关资料的检查

1. 预制构件合格证的检查

预制构件出厂应带有证明其产品质量的合格证,预制构件进场时由构件生产单位随车人员移交给施工单位。无合格证的产品,施工单位应拒绝验收,更不得在工程中使用。

2. 预制构件性能检测报告的检查

梁板类受弯预制构件进场时应进行结构性能检验,检测结果应符合《混凝土结构工程施工质量验收规范》(GB 50204—2015)中第9.2.2条中的相关要求。当施工单位或监理单位代表驻厂监督生产过程时,除设计有专门要求可不做结构性能检验外,施工单位或监理单位应在产品合格证上确认。

3. 拉拔强度检验报告

预制构件表面预贴饰面砖、石材等饰面与混凝土的黏接性能,应符合设计和现行有关标准的规定。

4. 技术处理方案和处理记录

对出现一般缺陷的构件,应重新验收并检查技术处理方案和处理记录。

三、预制构件外观质量的检查

预制构件进场验收时,应由施工单位会同构件厂、监理单位联合进行进场验收。参

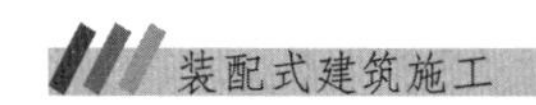

与联合验收的人员主要包括：施工单位工程、物资、质检、技术人员，构件厂代表，监理工程师。

1.预制构件外观的检查

预制构件的混凝土外观质量不应有严重缺陷，且不应有影响结构性能和安装、使用功能的尺寸偏差。预制构件进场时外观应完好，其上印的构件型号标志应清晰完整，型号、种类及其数量应与合格证上的一致。对于外观有严重缺陷或者标志不清晰的构件，应立即退场。此项内容应全数检查。

2.预制构件粗糙面检查

粗糙面是采用特殊工具或工艺形成预制构件混凝土凹凸不平或骨料显露的表面，是实现预制构件和后浇筑混凝土可靠结合的重要控制环节。粗糙面应全数检查。

3.预制构件上的预埋件、预留插筋、预留孔洞、预埋管线等

其规格、型号、数量应符合要求。以上内容与后续的现场施工息息相关，施工单位相关人员应全数检查。

4.预制板类、墙板类、梁柱类构件

其外形尺寸偏差和检验方法应分别符合国家规范的规定，允许偏差详见表6-1相关内容。

检查数量：按照进场检验批，同一规格（品种）的构件每次抽检数量不应少于该规格（品种）数量的5%且不少于3件。

5.灌浆孔检查

检查时，可使用细钢丝从上部灌浆孔伸入套筒，如从底部伸出并且从下部灌浆孔可看见细钢丝，即畅通。构件套筒灌浆孔是否畅通应全数检查。

任务三　构件安装质量控制

学习内容

学习装配式施工质量控制要点，以及在施工过程中如何进行质量控制。

具体要求

1.掌握装配式施工质量控制要点。

2. 掌握施工过程中质量的控制。

一、施工现场质监控制概述

现场各施工单位应建立健全质量管理体系，确保质量管理人员数量充足、技能过硬，质量管理流程清晰、管理链条闭合。应建立并严格执行质量类管理制度，约束施工现场行为。典型的质量控制流程如图6-1所示。

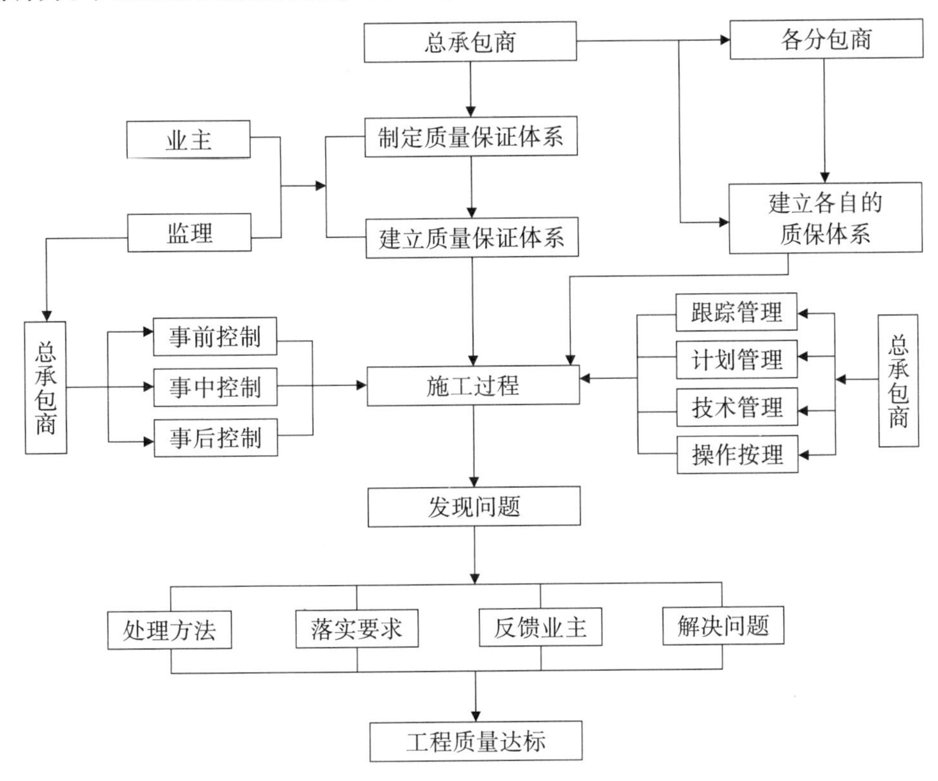

图6-1 典型的质量控制流程

二、装配式施工质量控制要点

1. 原材料进场检验

现场施工所需的原材料、构件、构配件应按规范进行检验。

2. 预制构件试安装

装配式结构施工前，应选择有代表性的单元板块进行预制构件的试安装，并根据试安装结果及时调整完善施工方案。

3. 测量的精度控制

为达到构件整体拼装的严密性，避免因累计误差超过允许偏差值而使后续构件无法正常吊装就位等问题的出现，吊装前需对所有吊装控制线进行认真的复检，构件安装就位后须由项目部质检员会同监理工程师验收构件的安装精度。安装精度经验收签字合格后方可浇筑混凝土。

所有测量计算值均应列表，并应有计算人、复核人签字。在施工过程中，要加强对层高和轴线以及净空平面尺寸的测量复核工作。

在底部结构正式施工前，必须布设好上部结构施工所需的轴线控制点，所设的基准点组成一个闭合线，以便进行复核和校正。

在底层轴线控制点布设后，用线锤把该层底板的轴线基准点引测到顶板施工面，观测孔位预留正确是确保工程质量的关键。

4.灌浆料的制备与套筒灌浆施工

（1）灌浆施工前对操作人员进行培训，通过培训增强操作人员对灌浆质量重要性的认识。明确该操作行为的一次性且不可逆的特点，从思想上重视其所从事的灌浆操作。另外，通过工作人员灌浆作业的模拟操作培训，规范灌浆作业操作流程，熟练掌握灌浆操作要领及其控制要点。

（2）灌浆料的制备要严格按照其配比说明书进行操作，建议用机械搅拌。拌制时，记录拌合水的温度，先加入80%的水，然后逐渐加入灌浆料，搅拌3～4 min至浆料黏稠无颗粒、无干灰，再加入剩余20%的水，整个搅拌过程不能少于5 min，完成后静置2 min。搅拌地点应尽量靠近灌浆施工地点，距离不宜过长；每次搅拌量应视使用量多少而定，以保证30 min内将料用完。

（3）拌制专用灌浆料应先进行浆料流动性检测，留置试块，然后才可进行灌浆，如图6-2所示。流动度测试指标如表6-8所示，检测不合格的灌浆料则重新制备。

(a)

(b)

图6-2　灌浆料拌制及流动度检测

表6-8 流动度测试指标灌浆料性能要求

检测项目		性能指标
流动度	初始	≥300 mm
	30 min	≥260 mm
抗压强度	1天	≥35 MPa
	3天	≥60 MPa
	28天	≥85 MPa
竖向自由膨胀率	24 h与3 h差值	0.02%～0.5%
氯离子含量		≤0.03%
泌水率(%)		0

(4)砂浆封堵24 h后可进行灌浆，拟采用机械灌浆。浆料从下排灌浆孔进入,灌浆时先用塞子将其余下排灌浆孔封堵,待浆料从上排出浆孔溢出后将上排进行封堵,再继续从下排灌浆至无法灌入后用塞子将其封堵。注浆要连续进行,每次拌制的浆料需在30 min内用完。灌浆完成后24 h之内,预制构件不得受到扰动。

(5)单个套筒灌浆采用灌浆枪或小流量灌浆泵;多接头连通腔灌浆采用配套的电动灌浆泵。灌浆完成浆料凝固前,巡检已灌浆接头,填写记录,如有漏浆及时处理。灌浆料凝固后,检查接头充盈度。灌浆施工如图6-3所示。

图6-3 灌浆施工现场

(6)一个阶段灌浆作业结束后,应立即清洗灌浆泵。

(7)灌浆泵内残留的灌浆料浆液如已超过30 min(自制浆加水开始计算),除非有证据证明其流动度能满足下一个灌浆作业时间,否则不得继续使用,应废弃。

(8)现场存放灌浆料时需搭设专门的灌浆料储存仓库,要求该仓库防雨、通风。仓库内搭设放置灌浆料存放架(离地一定高度),使灌浆料处于干燥、阴凉处。

(9)预制构件与现浇结构连接部分表面应清理干净,不得有油污、浮灰、粘贴物、木屑等杂物,在构件毛面处剔毛且不得有松动的混凝土碎块和石子;与灌浆料接触的构件表面用水润湿且无明显积水;保证灌浆料与其接触构件接缝严密,不湍浆。

5.安装精度控制

(1)编制针对性安装方案。做好技术交底和人员教育培训工作。

(2)安装施工前应按工序要求检查核对已完成施工结构部分的质量,测量放线后做好安装定位标志。

(3)强化预制构件吊装校核与调整:预制墙板、预制柱等竖向构件安装后,应对安装位置、安装标高、垂直度、累计垂直度进行校核与调整;预制叠合类构件、预制梁等横向构件安装后,应对安装位置、安装标高进行校核与调整;相邻预制板类构件,应对相邻预制构件平整度、高差、拼缝尺寸进行校核与调整;预制装饰类构件,应对装饰面的完整性进行校核与调整。

(4)强化安装过程质量控制与验收,提高安装精度。

6.结合面平整度控制

(1)预制墙板与现浇结构表面应清理干净,不得有油污、浮灰、粘贴物等杂物,构件剔凿面不得有松动的混凝土碎块和石子。

(2)墙板找平垫块宜采用螺栓垫块,抄平时直接转动调节螺栓,对齐找平。

(3)严格控制混凝土板面标高误差,将之控制在规定范围内。

7.后浇连接节点模板漏浆防治

(1)混凝土浇筑前,模板或连接缝隙用海绵条封堵。

(2)与预制墙板连接的现浇短肢剪力墙模板位置、尺寸应准确,固定牢固,防止偏位。

(3)宜采用铝合金模板,并使用专用夹具固定,提高混凝土观感质量。

8.外墙板接缝防水

所选用防水密封材料应符合相关规范要求;拼缝宽度应满足设计要求;宜采用构造防水与材料防水相结合的方式,且应符合下列规定。

(1)构造防水

①进场的外墙板,在堆放、吊装过程中,应注意保护其空腔侧壁、立槽、滴水槽以及水平缝等防水构造部位。

②在竖向接缝合拢后,其减压空腔应畅通,竖向接缝封闭前应先清理防槽。

③外墙水平缝应先清理防水空腔,在空腔底部铺放橡塑型材,并在外侧封闭。

④竖缝与水平缝的勾缝应着力均匀,不得将嵌缝材料挤进空腔内。

⑤外墙十字缝接头处的塑料条应插到下层外墙板的排水坡上。

(2)材料防水

①墙板侧壁应清理干净,保持干燥,然后刷底油一道。

②事先应对嵌缝材料的性能、质量和配合比进行检验,嵌缝材料应与板材牢固粘接。

(3)套筒灌浆连接钢筋偏位

钢筋套筒灌浆连接钢筋偏位会导致安装困难,影响连接质量。针对钢筋偏位应制定预案,预案应经审批后方可执行。现场出现连接钢筋偏位后,应按预案中的要求进行处理,并形成处理文件;现场责任工程师、质检员、技术负责人、监理工程师共同签字确认。

质量控制要点:竖向预制墙预留钢筋和孔洞位置、尺寸应准确;提高精度,保证预留钢筋位置准确。对于个别偏位的钢筋,应及时采取有效措施处理。

9.剪力墙部分灌浆孔不出浆

加强事前检查,对每一个套筒进行通透性检查,避免此类事件发生。对于前几个套筒不出浆,应立即停止灌浆,墙板重新起吊到存放场地,立即进行冲洗处理,检查原因后再返修;对于最后1~2个套筒不出浆,可持续灌浆,灌浆完成后对局部钢筋位置进行钢筋焊接或其他方式处理。

课后习题

装配式施工质量控制要点有哪些?

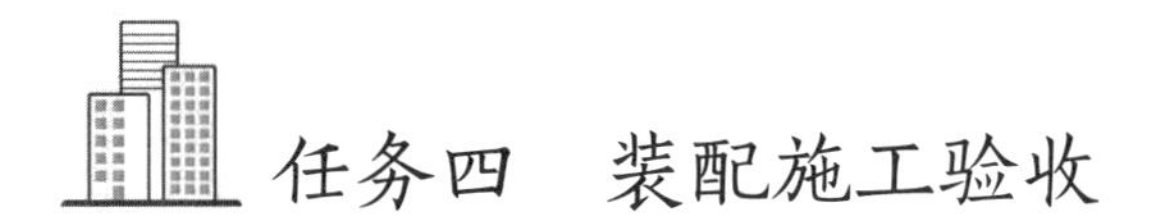

任务四　装配施工验收

学习内容

学习装配式施工验收的程序、内容和标准以及处理方式。

具体要求

1.了解装配式施工验收的程序。

2.掌握装配式施工的验收内容和处理方式。

一、验收程序

1.装配式混凝土建筑施工，应按现行国家标准《建筑工程施工质量验收统一标准》(GB 50300—2013)中的有关规定进行单位工程、分部工程、分项工程和检验批的划分和质量验收。检验批及分项工程应由监理工程师(建设单位项目技术负责人)组织施工单位项目专业质量(技术)负责人等进行验收。分部工程应由总监理工程师(建设单位项目负责人)组织施工单位项目负责人和技术、质检负责人等进行验收；地基与基础、主体结构分部工程的勘察、设计单位工程项目负责人和施工单位技术、质检部门负责人也应参加相关分部工程验收。单位工程完工后，施工单位应自行组织有关人员进行检查评定，并向建设单位提交工程验收报告。建设单位收到工程报告后，应由建设单位项目负责人组织施工(含分包单位)、设计、监理、勘察等单位进行单位工程验收。根据装配式施工特点及穿插流水施工需要，应与行业监督部门沟通协调，分段验收。

2.装配式混凝土建筑的装饰装修、机电安装等分部工程，应按国家现行标准的有关规定进行质量验收。

3.装配式混凝土结构应按混凝土结构子分部工程进行验收；当结构中部分采用现浇混凝土结构时，装配式结构部分可作为混凝土结构子分部的分项工程进行验收。

装配式混凝土结构按子分部工程进行验收时，可划分为预制构件模板、钢筋加工、钢筋安装、混凝土浇筑、预制构件、安装与连接等分项工程，各分项工程可根据与生产和施工方式相一致且便于控制质量的原则，按进场批次、工作班、楼层、结构缝或施工段划分为若干检验批。

装配式混凝土结构子分部工程的质量验收，应在相关分项工程验收合格的基础上，按部位进行结构实体检验。

分项工程的质量验收应在所含检验批验收合格的基础上，进行质量验收记录检查。

4.装配式混凝土建筑在混凝土结构子分部工程完成分段或整体验收后，方可进行装饰装修的部件安装施工。

二、验收内容及标准

1.预制构件临时固定措施，应符合设计、专项施工方案要求及国家现行有关标准的规定。

检查数盘：全数检查。

检验方法：观察检查，检查施工方案、施工记录或设计文件。

2.工程应用套筒灌浆连接时，应由接头提供单位提交所有规格接头的有效形式检验报告。验收时应核查下列内容。

(1)工程中应用的各种钢筋强度级别、直径对应的形式检验报告应齐全，报告应合格有效。

(2)形式检验报告送检单位与现场接头提供单位应一致。

(3)形式检验报告中的接头类型，灌浆套筒规格、级别、尺寸，灌浆料型号与现场使用的产品应一致。

(4)形式检验报告应在4年有效期内，可按灌浆套筒进场验收日期确定。

(5)报告内容应符合《钢筋套筒灌浆连接应用技术规程》(JGJ 355—2015)附录A的规定。

3.灌浆施工前，应对不同钢筋生产企业的进场钢筋进行接头工艺检验；施工过程中，当更换钢筋生产企业，或同生产企业生产的钢筋外形尺寸与已完成工艺检验的钢筋有较大差异时，应再次进行工艺检验。接头工艺检验应符合下列规定。

(1)灌浆套筒埋入预制构件时，工艺检验应在预制构件生产前进行；当现场灌浆施工单位与工艺检验时的灌浆单位不同，现场灌浆前再次进行工艺检验。

(2)工艺检验应模拟施工条件制作接头试件，并应按接头提供单位提供的施工操作要求进行。

(3)每种规格钢筋制作3组套筒泄浆连接接头，并应检查灌浆质量。

(4)采用灌浆料拌合物制作的40 mm×40 mm×160 mm 试件不应少于1 组。

(5)接头试件及灌浆试件应在标准养护条件下养护28天。

(6)每个钢筋套筒灌浆连接接头的抗拉强度，不应小于连接钢筋抗拉强度标准值，且破坏时应断于接头外钢筋；每个钢筋套筒灌浆连接接头的屈服强度不应小于连接钢筋屈服强度标准值；3个接头试件残余变形的平均值应符合《钢筋套筒灌浆连接应用技术规程》(JGJ 355—2015)中的有关规定；灌浆料抗压强度应符合《钢筋套筒灌浆连接应用技术规程》(JGJ 355—2015)中规定的28天强度要求。

(7)接头试件在量测残余变形后可再进行抗拉强度试验，并应按现行行业标准《钢筋机械连接技术规程》(JGJ 107—2016)规定的钢筋机械连接形式检验单向拉伸加载制度进行试验。

(8)第一次工艺检验中1个试件抗拉强度或3个试件的残余变形平均值不合格时，可再抽取3个试件进行复验，复验有不合格项则判为工艺检验不合格。

4.采用钢筋套筒灌浆连接时，应在构件生产前进行钢筋套筒灌浆连接接头的抗拉强度试验。试验采用与套筒相匹配的灌浆料制作对中连接接头试件，抗拉强度应符合《钢筋套筒灌浆连接应用技术规程》(JGJ 355—2015)中的规定。

检查数量：同一批号、同一类型、同一规格的灌浆套筒，不超过1000个为一批，每批随机抽取3个灌浆套筒制作对中连接接头试件。

检验方法：按现行国家标准《钢筋套筒灌浆连接应用技术规程》(JGJ 355—2015)中的相关规定执行。

5. 钢筋采用套筒灌浆连接、浆锚搭接连接时，灌浆应饱满、密实，所有出口均应出浆。

检查数量：全数检查。

6. 钢筋套筒灌浆连接及浆锚搭接连接用的灌浆料强度应满足设计要求。用于检验抗压强度的灌浆料试件应在施工现场制作。

检查数量：按批检验，以每层为一检验批；每工作班取样不得少于1次，每楼层取样不得少于3次。每组抽取1组40 mm×40 mm×160 mm的试件，标准养护28天后进行抗压强度试验。

检验方法：检查灌浆料抗压强度试验报告及评定记录。

7. 预制构件底部接缝坐浆强度应满足设计要求。

检查数量：按检验批，以每层为一检验批；每工作班应制作1组且每层不应少于3组边长为70.7 mm的立方体试件，标准养护28天后进行抗压强度试验。

检验方法：检查坐浆材料强度试验报告及评定记录。

8. 当施工过程中灌浆料抗压强度、灌浆质量不符合要求时，应由施工单位提出技术处理方案，经监理、设计单位认可后进行处理。经处理后的部位应重新验收。

检查数量：全数检查。

检验方法：检查处理记录。

9. 装配式结构采用现浇混凝土连接构件时，构件连接处后浇混凝土的强度应符合设计要求。

检查数量：同一配合比的混凝土，每工作班且建筑面积不超过1000 m^2应制作1组标准养护试件，同一楼层应制作不少于3组标准养护试件。

检验方法：检查混凝土强度报告。当叠合层或连接部位等的后浇混凝土与现浇结构同时浇筑时，可合并验收。对有特殊要求的后浇混凝土，应单独制作试块进行检验评定。

10. 钢筋采用焊接连接时，其接头质量应符合现行行业标准《钢筋焊接及验收规程》(JGJ 18—2012)中的规定。

检查数量:按现行行业标准《钢筋焊接及验收规程》(JGJ 18—2012)的有关规定确定。

检验方法:检查质检证明文件及平行加工试件的检验报告。

考虑到装配式混凝土结构中钢筋连接的特殊性,很难做到连接试件原位截取,故要求制作平行加工试件。平行加工试件应与实际钢筋连接接头的施工环境相似,并宜在工程结构附近制作。

11.钢筋采用机械连接时,其接头质量应符合现行行业标准《钢筋机械连接技术规程》(JGJ 107—2015)中的规定。

检查数量:按现行行业标准《钢筋机械连接技术规程》(JGJ 107—2015)中的规定确定。

检验方法:检查质量证明文件、施工记录及平行加工试件的检验报告。

平行加工试件应与实际钢筋连接接头的施工环境相似,并宜在工程结构附近制作。钢筋采用机械连接时,螺纹接头应检验拧紧扭矩值,挤压接头应量测压痕直径,检验结果应符合现行行业标准《钢筋机械连接技术规程》(JGJ 107—2015)中的规定。

12.预制构件采用焊接、螺栓连接等连接方式时,其材料性能及施工质量应符合国家现行标准《钢结构工程施工质量验收规范》(GB 50205—2020)和《钢筋焊接及验收规程》(JGJ 18—2012)中的相关规定。

检查数量:按现行国家标准《钢结构工程施工质量验收规范》(GB 50205)和《钢筋焊接及验收规程》(JGJ 18—2015)中的规定确定。

检验方法:检查施工记录及平行加工试件的检验报告。在装配式结构中,常会采用钢筋或钢板焊接、螺栓连接等“干式”连接方式,此时钢材、焊条、螺栓等产品或材料应按批进行进场检验,施工焊缝及螺栓连接质量应按国家现行标准《钢结构工程施工质量验收规范》(GB 50205—2020)和《钢筋焊接及验收规程》(JGJ 18—2015)中的相关规定进行检查验收。

13.装配式结构施工后,其外观质量不应有严重缺陷,且不应有影响结构性能和安装、使用功能的尺寸偏差。

检查数量:全数检查。

检验方法:观察、量测,检查处理记录。

14.外墙板接缝处的防水性能应符合设计要求。

检查数量:按批检验。每1000 m^2外墙面积应划分为一个检验批,不足1000 m^2时也应划分为一个检验批;每个检验批每100 m^2应至少抽查1处,每处不得少于10 m^2。

检验方法:现场淋雨试验。淋水流量不应小于5 L/(m•min),淋水试验时间不应少于2 h,检测区域不应有遗漏部位。淋水试验结束后,检查背面有无渗漏。

15.装配式结构施工后,其外观质量不应有一般缺陷。

检查数量:全数检查。

检验方法:观察,检查处理记录。

16.装配式结构施工后,预制构件位置、尺寸偏差及检验方法应符合设计要求;当设计无具体要求时,应符合如表6-9所示的规定。预制构件与现浇结构连接部位的表面平整度应符合如表6-10所示的规定。

检查数量:按楼层、结构缝或施工段划分检验批。在同一检验批内,对梁、柱和独立基础,应抽查构件数量的10%,且不应少于3件;对墙和板,应按有代表性的自然间抽查10%,且不应少于3间;对大空间结构,墙可按相邻轴线间高度5 m左右划分检查面,板可按纵、横轴线划分检查面,抽查10%,且均不应少于3面。

表6-9 装配式结构构件位置和尺寸允许偏差及检验方法表

<table>
<tr><th colspan="3">检验项目</th><th>允许偏差/mm</th><th>检验方法</th></tr>
<tr><td rowspan="2">构件轴线位置</td><td colspan="2">竖向构件(柱、墙、桁架)</td><td>8</td><td rowspan="2">用经纬仪及尺量</td></tr>
<tr><td colspan="2">水平构件(梁、楼板)</td><td>5</td></tr>
<tr><td>标高</td><td colspan="2">梁、柱、墙板楼板底面或顶面</td><td>±5</td><td>用水准仪或拉线、尺量</td></tr>
<tr><td rowspan="2">构件垂直度</td><td rowspan="2">柱、墙板安装后的高度</td><td>≤6 m</td><td>5</td><td rowspan="2">用经纬仪或吊线、尺量</td></tr>
<tr><td>>6 m</td><td>10</td></tr>
<tr><td>构件倾斜度</td><td colspan="2">梁、桁架</td><td>5</td><td>用经纬仪或吊线、尺量</td></tr>
<tr><td rowspan="4">相邻构件平整度</td><td rowspan="2">梁、楼板底面</td><td>外露</td><td>3</td><td rowspan="4">用2 m靠尺和塞尺测量</td></tr>
<tr><td>不外露</td><td>5</td></tr>
<tr><td rowspan="2">柱、墙板</td><td>外露</td><td>5</td></tr>
<tr><td>不外露</td><td>8</td></tr>
<tr><td>构件搁置长度</td><td colspan="2">梁、板</td><td>±10</td><td>用尺量</td></tr>
<tr><td>支座、支垫中心位置</td><td colspan="2">板、梁、柱、墙、桁架</td><td>10</td><td>用尺量</td></tr>
<tr><td colspan="3">墙板接缝宽度</td><td>±5</td><td>用尺量</td></tr>
</table>

三、验收结果及处理方式

1.装配式混凝土结构子分部工程施工质量验收合格应符合下列规定。

(1)所含分项工程质量验收应合格。

(2)应有完整的质量控制资料。

(3)观感质量验收应合格。

(4)结构实体检验结果应符合《混凝土结构工程施工质量验收规范》(GB 50204—2015)中的要求。

2. 当混凝土结构施工质量不符合要求时,应按下列规定进行处理。

(1)经返工、返修或更换构件、部件的,应重新进行验收。

(2)经有资质的检测机构按国家现行相关标准检测鉴定达到设计要求的,应予以验收。

(3)经有资质的检测机构按国家现行相关标准检测鉴定达不到设计要求,但经原设计单位核算并确认仍可满足结构安全和使用功能的,可予以验收。

(4)经返修或加固处理能够满足结构可靠性要求的,可根据技术处理方案和协商文件进行验收。

3. 装配式混凝土结构子分部工程施工质量验收时应提供下列文件和记录。

(1)工程设计文件、预制构件深化设计图、设计变更文件。

(2)预制构件、主要材料及配件的质量证明文件、进场验收记录、抽样复验报告。

(3)钢筋接头的试验报告。

(4)预制构件制作隐蔽工程验收记录。

(5)预制构件安装施工记录。

(6)钢筋套筒灌浆等钢筋连接的施工检验记录。

(7)后浇混凝土和外墙防水施工的隐蔽工程验收文件。

(8)后浇混凝土、灌浆料、坐浆材料强度检测报告。

(9)结构实体检验记录。

(10)装配式结构子分项工程质量验收文件。

(11)装配式工程的重大质量问题的处理方案和验收记录。

(12)其他必要的文件和记录(宜包含BIM交付资料)。

4. 装配式混凝土结构子分部工程施工质量验收合格后,应将所有的验收文件存档备案。

课后习题

1. 装配式施工验收内容和标准是什么?

2. 装配式施工验收结果及处理方式有哪些?

项目七　装配式建筑发展趋势

项目描述

近年来,BIM技术在国内建筑业形成一股热潮,除了前期软件厂商的大声呼吁外,相关政府单位、各行业协会与专家、设计单位、施工企业、科研院校等也开始重视并推广BIM以及BIM技术在装配式建筑应用中的必要性。本章主要介绍装配式建筑与环境保护、智能建筑、BIM与未来技术以及基于BIM的施工信息化技术与VR技术等,使读者整体把握装配式建筑的未来发展趋势。

任务一　装配式建筑与环境保护

学习内容

学习国家绿色发展战略、装配式建筑相关政策、发展情况及相关项目案例。

具体要求

1. 了解国家绿色发展战略。
2. 了解装配式建筑相关政策、发展情况及相关零能耗装配式建筑项目案例。

一、国家绿色发展战略

党的十九大提出,要践行绿色发展理念,改善生态环境,建设美丽中国。这些年来,国家将生态文明建设纳入中国特色社会主义事业"五位一体"总体布局,"美丽中国"成为中华民族追求的目标。

围绕绿色发展,2015年4月,中共中央、国务院印发了《关于加快推进生态文明建设的意见》(以下简称《意见》)。《意见》提出,到2020年,资源节约型和环境友好型社会建设取得重大进展,主体功能区布局基本形成,经济发展质量和效益显著提高,生态文明主流价值观在全社会得到推行,生态文明建设水平与全面建成小康社会目标相适应。2016年12月,中共中央办公厅、国务院办公厅印发了《生态文明建设目标评价考核办法》,国家发展和改革委员会、国家统计局、环境保护部、中央组织部制定了《绿色发展指标体系》和《生态文明建设考核目标体系》。2016年1月,环境保护部印发了《国家生态文明建设示范区管理规程(试行)》和《国家生态文明建设示范县、市指标(试行)》,旨在以市、县为重点,全面践行"绿水青山就是金山银山"理念,积极推进绿色发展,不断提升区域生态文明建设水平。

在国家政策的指导下,各省、市生态文明创建行动计划、生态文明建设目标评价考核办法和指标体系纷纷出台,生态文明建设进入历史高峰期。典型的行动计划如:2018年5月,浙江省发布了《浙江省生态文明示范创建行动计划》,根据该行动计划,到2020年,浙江要高标准打赢污染防治攻坚战;到2022年,各项生态环境建设指标处于全国前列,生态文明建设政策制度体系基本完善,使浙江成为实践生态文明思想和建设美丽中国的示范区。典型的生态文明建设目标评价考核办法如:中共北京市委办公厅、北京市人民政府办公厅于2017年12月印发的《北京市生态文明建设目标评价考核办法》,旨在加快首都绿色发展,高质量、高水平推进生态文明建设。

二、装配式建筑政策及发展情况

2018年关于装配式建筑的政策东风接连不断,全国各地均设置了装配式建筑相关的工作目标,出台了相关的扶持政策。各地装配式建筑项目也是如雨后春笋般热火朝天地开建。以下为2018年部分省市装配式建筑开工面积及发展情况。

1.福建省

福建省住建厅于2019年1月11日将2018年全省装配式建筑发展推进情况通报各地。指出,2018年福建省完成建筑产业现代化投资工程74.6亿元,已建成投产15家预制混凝土构件(PC)生产基地,年设计生产能力达到262万 m^3,其中,福建建工集团、中建海峡等10家企业获批全国装配式建筑产业基地。从产能上为装配式建筑构件市场需求提供保障,结合福建省地域特点,以150 km为辐射半径,从服务范围上实现PC生产基地全省全覆盖。

全省各地积极落实装配式建筑试点项目，2015～2018年总建筑面积达到1069万㎡。其中，2018年新开工建筑面积626.45万㎡。重点推进的预制混凝土结构装配式建筑，2018年新开工试点项目79个，总建筑面积402.39万㎡（其中，福州48个项目建筑面积共246.8万㎡，泉州18个项目建筑面积共72.7万㎡，漳州5个项目建筑面积共35.1万㎡）。

2. **山东省**

山东省住建厅发布《关于实行建筑节能与绿色建筑定期调度通报制度的通知》。明确指出，2018年全省绿色建筑竣工8513.93万㎡，新增二星及以上绿色建筑评价标志项目221个、面积2454.25万㎡，是全年任务量的175.3%，比上年增长25%。各市均超额完成年度二星及以上绿色建筑标志任务指标。全省新开工装配式建筑面积2192.64万㎡，完成全年任务量的121.8%。各市均超额完成年度装配式建筑新开工任务指标。

3. **海南省**

2019年1月15日，2019年海南省装配式建筑暨安全文明标准化观摩会在三亚举行，会议明确海南省大力推广装配式建筑是大势所趋。从政策层面看，海南把推进装配式建筑作为贯彻落实中央关于海南自贸区（港）以及生态文明示范区建设具体措施之一，出台了《关于大力发展装配式建筑的实施意见》《海南省装配式建筑工程综合定额（试行）》《海南省装配式混凝土结构施工质量验收标准》，为推进装配式项目实施提供基本的技术标准。

从产能布局看，全省已投产的PC构件生产基地有3家，已投产的钢构件生产基地有4家，在建的装配式建筑部件生产基地有3个。省住建厅汇总数据显示，全省现有预制构件生产能力可满足约250万㎡的建筑使用。到2018年12月底，全省新开工装配式建筑面积为82.45万㎡。

从试点示范看，被认定为海南省级示范基地的包括中铁四局海口综合管廊预制厂、北新集成房屋住宅产业化基地、华金钢构、共享钢构。同时还认定了5个省级示范项目：灵山海建家园项目、海口中心项目、万科同心家园、海口市地下综合管廊试点工程、北京大学附属中学海口学校学术中心项目。

4. **湖北省**

2019年1月8日召开的湖北省住房城乡建设工作会议暨党风廉政建设工作会议上通报，2018年湖北省建筑业总产值预计将突破1.5万亿元，产业规模连续五年保持全国第三、中部第一，建成投产装配式建筑生产基地21个，建筑业转型升级步伐加快。湖北省住建厅相关负责人表示，2019年，湖北省将全力推进建筑业转型升级，新开工装配式建筑面积不少于350万㎡。

5.江苏省

2018年12月21日,江苏省政府举行推进建筑产业现代化发展新闻发布会。会上介绍了江苏近年来推进建筑产业现代化发展的情况。其中,新建装配式建筑规模占比稳步增加。2015年、2016年、2017年三年全省新开工装配式建筑面积分别为360万㎡、608万㎡、1138万㎡,占当年新建建筑比例从3.12%上升到8.28%。2018年1～11月,全省新开工装配式建筑面积已超过2000万㎡,占新建建筑面积比例达到15%,提前完成了年度目标任务。

6.湖南省

湖南省住建厅2018年11月13日发布了关于2018年1～9月全省建筑节能、绿色建筑、装配式建筑及光纤到户与无障碍环境建设工作检查的通报。全省装配式建筑年生产能力达到2500万㎡,累计实施装配式建筑3085.6万㎡。2018年1～9月,全省市、州中心城市新开工装配式建筑613万㎡,占新建建筑比例为13.36%,长沙、湘潭、株洲、湘西、益阳等市(州)推进力度大,进展快,已完成年度目标要求。14个市(州)均已建设装配式建筑生产基地,湘潭、益阳将装配式项目实施列入设计审查环节严格把关,娄底、岳阳、郴州专门成立了装配式建筑管理办公室,长沙、郴州、吉首总体推进效果好,被评为省级装配式建筑示范城市。

7.河南省

2019年1月21日,河南省住建厅召开全省住房城乡建设工作会议,亮出2018年住建系统工作"成绩单"。2018年,河南省15个市(县)出台推动建筑业转型发展的实施意见,积极探索转型模式。河南省装配式建筑也取得了长足进步,全省全年开工装配式建筑超过500万㎡,新开工成品住宅项目97个、754万㎡。郑州、新乡完成国家装配式建筑示范城市年度建设目标,7家企业全面开展国家装配式建筑产业基地建设,安阳、平顶山、汝州、临颍4个市(县)和8家企业获批省级装配式建筑示范城市和产业基地。20多个市(县)出台了装配式建筑发展实施意见,郑州市要求国有投资及大型开发项目全部采用装配式建造技术。2019年,河南省力争新开工建设装配式建筑800万㎡。

8.河北省

河北省住建厅发文回顾2018年住房和城乡建设工作。其中指出,2018年河北省城镇建筑节能成效明显。全省竣工项目中,节能居住建筑为4080万㎡、绿色建筑为3146万㎡、超低能耗建筑示范项目为13万㎡,开工装配式建筑462万㎡。竣工建筑年可节约标准煤124万t,减排二氧化碳325万t,减排二氧化硫1万t。城镇绿色建筑占比提前两年完成"十三五"规划任务。

9.山西省

2019年1月15日,山西省住房城乡建设工作会议在太原召开。会议全面总结了2018年住房城乡建设工作,深刻分析了面临的形势和问题,安排部署了2019年工作任务。会议指出,2018年以来,全省住建系统在习近平新时代中国特色社会主义思想的指引下,在省委、省政府的坚强领导下,紧紧围绕“三大目标”,找准定位、突出重点、狠抓落实,圆满完成了各项任务。其中,建筑业改革发展深入推进,发展质量和效益不断提升,全省建筑业产值首次突破4000亿元大关,同比增长12%以上,推动建筑工人实名制管理,在全国首家引入建设银行“民工惠”金融服务模式,保障企业及时获得融资、农民工足额拿到工资,已办理业务1275万元,代发1472人次,在建装配式建筑327万㎡。新增绿色建筑1025万㎡。

10.浙江省

浙江省建设厅党组书记、厅长项永丹在全省住房城乡建设工作会议上指出,浙江省2018年推动建筑业转型取得新成效。瞄准建筑业高质量发展,扎实推进全省建筑业稳步健康发展,主要经济指标保持全国前列。建筑业总产值近2.87万亿元,占全国建筑业总产值的12%;特级企业达到78家(双特级3家),建筑业外向度为49.1%。建筑工业化超额完成年度目标任务。全省新开工装配式建筑5692万㎡,占比18.1%,增幅5.1%;实施住宅全装修项目3101万㎡,城镇绿色建筑占新建建筑的比例达到94%。

11.上海市

2019年2月13日上午,在上海展览中心友谊会堂三楼召开了上海市住房和城乡建设管理工作会议,会上通报,2018年全年上海落实装配式建筑首次突破2000万㎡,绿色建筑总量累计达1.51亿㎡。

三、零能耗装配式建筑项目案例

该项目位于北京市某区,建筑面积157㎡,是一个零能耗装配式建筑的示范项目。在开放式街区中央的一个休闲公园中打造面向周边居民的小型共享活动场所,居民可通过智能系统随时预约使用。同时,项目作为中国北方寒冷地区的零能耗可持续示范项目,与英国BREEAM体系及美国LEED体系合作,通过可持续设计降低运营能耗,提供舒适环境,在日常生活中宣传可持续理念,并围绕环境及可持续主题开展活动。

1.单元式布局

该项目位于一片树林绿地中,南侧是社区运动休闲公园,从公园的整体环境出发,定位为融于景观环境中的小型休闲构筑物。因此,不同于可持续示范项目经常采用的紧凑集中式布局，其主体建筑分为三个相对独立的单元，分别是健身房、会客厅和书吧（兼科普展厅）。每个单元基本构成类似，面积为30～35 ㎡，作为一组小体量的木结构景观小品分散于树丛中，方便居民独立预约使用，互不干扰。各单元围绕下沉式砂石渗水庭院布局，使用者从外部园区穿越雨水花园中的木栈道进入共享组团，架空木栈道及其下方的设备管沟连接了三个单元，并与半覆土的能源及智能控制中心连通，形成一拖三的基本布局。

2. 可持续技术整合

示范楼以被动式策略为主导确定了建筑空间的原型形体，适当结合主动式技术，兼顾先进技术的示范性。主体结构和围护结构均采用木材、麦秸秆等可持续材料，并将手工化、个性化的设计与工业生产结合。为充分利用自然采光与过渡季的自然通风，项目首先确定了一个基本原型，即5 m×6 m左右、坐北朝南的矩形单元，北侧屋顶局部拔高为通风采光筒，顶部设电动通风窗，上部设有集成太阳能光电设备的导风遮雨板，侧墙的底部设有门和通风窗，可以作为进风口，利用顶部拔高的热压通风效应促进室内自然通风，鼓励使用者在天气较好时少用或不用空调。通风采光筒南立面采用彩色薄膜光电玻璃，与室内环境色彩和功能布局配合。外立面采用预制装配式碳化木表皮的双层表皮复合系统，木表皮与内墙之间形成一定厚度的空腔，起到夏季遮阳和冬季防风的作用，并通过上下百叶的开口促进空腔内的自然通风，在夏季带走空腔内的热量，避免闷热。碳化木耐腐蚀、易维护的特性，也可降低后续运营维护成本。

该建筑尝试采用了多种可再生能源与建筑的一体化设计，包括薄膜玻璃、光伏发电与顶部导风板、建筑屋顶、玻璃幕墙及外挂立面的结合设计、太阳能光热系统与空气源热泵联合供暖。结合景观设置可持续排水措施，利用雨水花园、可透水的下沉庭院来净化、滞留雨水，结合上层屋面设置屋顶绿化。智能控制系统，通过对环境品质（温度、湿度、照度、CO_2、PM2.5）的实时监控实现能源系统的自动控制，从而达到节能减排的效果，市民也可随时查看实时状态。

3. 预制装配与模块化组件

基于零碳理念，项目确立了预制装配式的基本思路。三个单元采用类似的结构，并将建筑结构划分为标准模块——门窗模块、屋顶升高模块和金属收边模块，将可持续技术融入模块，保证了装配式节点的标准化，并在此基础上进一步变化组合，以适应不同的使用空间，对多样化的可持续技术进行对比研究及展示。主体采用木结构，外立面采用预制装配式的碳化木通风百叶表皮，通过垫块调整固定百叶的角度，并结合通风口和单元使用功能局部设计百叶凸凹图案，尝试个性化定制建筑立面。

4. 智能集成控制

项目设有各类传感器，对室内外环境进行持续监测，实时反馈到空调、新风等设备系统进行自动调控，保证在提供适宜环境的同时减少能源消耗。这些数据也会储存记录在服务器中，便于后续的研究和分析。作为可持续实验平台项目，按照经验以及技术模拟进行设计和建成只是第一步，只有持续进行检测、分析甚至做必要的调整，才能使设计理念更好地落实，并且积累应用到更多项目中。此外，智能系统也与使用者息息相关，不仅服务于管理，也提供了更好的使用体验。除了系统自动调节室内环境条件外，使用者还可以通过手机App轻松预约使用时段，并将室内电器整合为多种使用模式。以共享会客厅为例，使用者打开密码门后，室内灯光自动打开调整到合适亮度，到沙发区落座后，可通过茶几边的按钮一键切换到观影模式，灯光自动调暗，投影幕布及落地玻璃的遮阳帘同时落下，使用完毕离开，室内灯光会在门锁上后延迟关闭。从人的使用习惯出发，细化设计，提升了空间的使用体验。

该项目作为零能耗预制装配式建筑实验平台，建立了“设计—建造—测试—反馈”的全流程机制，结合信息化与数字化技术，验证并归纳预制装配式建筑的可持续性能指标及其实现方法，不仅可以转化并体现于寒冷地区城市与乡村领域的新建或改造建筑，更可以作为系统原型应用到公共与住宅建筑类型。除实用层面的转化应用外，在学术层面的迭代优化也是原型研究的意义所在。研究团队基于“测试”环节的实验成果，对影响建筑可持续性能的关键设计要素进行提取，并将其进一步“再原型化”，在气候条件类似的天津市宝坻区建设了新的对比试验平台，重现关键设计要素，如双层表皮等。“再原型化”虽褪去了建筑表观的审美意趣，却使设计具备了与科学研究连接的基础与条件，其迭代结果也更能直指设计与性能的本质关联，这就是原型设计的理性之美。

课后习题

1. 简述浙江省装配式建筑开工面积及发展情况。

2. 零能耗装配式建筑的示范项目主要是以哪些可持续方面进行设计和建造的？

任务二 智能建筑与信息化

学习内容

学习智能建筑的相关定义及基于BIM的智慧建筑与智慧城市模型。

具体要求

1.了解多视角下的智能建筑的含义。

2.认识基于BIM的智慧建筑与智慧城市模型。

一、智能建筑

不同机构从各种视角对智能建筑下的定义如下：

国际上智能建筑的一般定义为：通过将建筑物的结构、系统、服务和管理四项基本要素以及它们的内在关系进行优化，来提供一种投资合理，具有高效、舒适和便利环境的建筑物。

国家标准《智能建筑设计标准》(GB 50314—2015)对智能建筑的定义为：以建筑物为平台，基于对各类智能化信息的综合应用，集架构、系统、应用、管理及优化组合为一体，具有感知、传输、记忆、推理、判断和决策的综合智慧能力，形成以人、建筑、环境互为协调的整合体，为人们提供安全、高效、便利及可持续发展功能环境的建筑。

英国市场调研公司Memoori强调，全新建筑物联网的出现，将智能建筑定义为：通过IP网络的叠加，连接整个建筑的服务，无须人为干预监控、分析并且控制。

欧洲对智能建筑的定义如下：创建了一个可以最大限度地提高建筑居住者的使用效率的环境，同时通过最低的硬件和设施寿命周期成本实现高效的资源管理。该定义将焦点放在通过技术满足居住者的需求上，同时要求通过最低的硬件和设施寿命周期成本实现高效的资源管理。

BREEAM守则(1990)和LEED计划(2000)给出的智能建筑定义侧重于能源效率和可持续性，以智能和绿色为其核心特征。

总的来看，亚洲定义侧重于技术的自动化和建筑功能的控制作用。欧洲定义则将焦点放在通过技术满足居住者的需求及绿色可持续发展上。

二、基于BIM的智慧建筑与智慧城市模型

美国斯坦福大学的CIFE于1996年提出了4D模型，将建筑构件的3D模型与施工进度的各种工作相连接，动态地模拟这些构件的变化过程。2003年CIFE又开发了基于IFC标准的4D产品模型PM4D，该系统可以快速生成建筑物的成本预算、施工进度、环境报告等信息，实现了产品模型的3D可视化以及施工过程模拟。以往国内外对BIM的研究大多基于IFC标准展开，在体系架构、数据标准、交互模型、应用软件开发等方面积累了丰富成果。建筑信息模型属于建筑学和信息学交叉领域中的一项命题，以往的研究工作绝大多数由建筑学领域的研究人员来承担，成果也多出自建筑学相关领域。但从本质上看，BIM的重点与核心在于信息技术，建筑是载体。BIM研究在我国起步比较早，自1998年就已引进。在后续的十几年间，政府在BIM的研究开发方面给予了大力支持，投入了大量资金。我国在BIM的基础性研究、IFC推广、BIM标准研制等方面已取得了一定进展。代表性的研究工作是清华大学教授张建平于2002年带领研究组开发出4D施工管理扩展模型4DSMM++，将建筑物及其施工现场3D模型与施工进度相连接，并与施工资源和场地布置信息集成一体。在“十五”期间，由中国建筑科学研究院和清华大学该研究组承担的国家科技攻关计划课题“基于国际标准IFC的建筑设计及施工管理系统研究”，对IFC标准的应用进行了研究和探索，并基于IFC标准开发了建筑结构设计系统和4D施工管理系统。经过多年的发展，BIM已在建筑设计和施工阶段获得了广泛应用，但在运行维护阶段中的成功应用案例并不多见，而基于建筑工程全生命周期和城市数字经济的交易系统也尚未被开发出来。

目前，由“BIM+智慧建筑”扩展到“BIM+智慧城市”的可行技术路线图及商业模式路线图依旧处于模糊状态。实际上，在如图7-1所示的模型中，基于BIM的智慧建筑参考框架模型(BIM-based Smart Building Model)智慧城市的开发建设及运营维护阶段，BIM技术的需求量已非常大，尤其是对于商业地产的运营维护，其创造的价值不言而喻。目前，加大我国BIM技术在智慧城市中的开发应用是一个重要命题。本书在BIM基本方法理念的基础上，结合信息物理系统(CPS)的理论支撑，提出一种基于BIM的绿色智慧建筑参考框架模型，并由该模型出发进一步构建智慧城市现代经济体系。

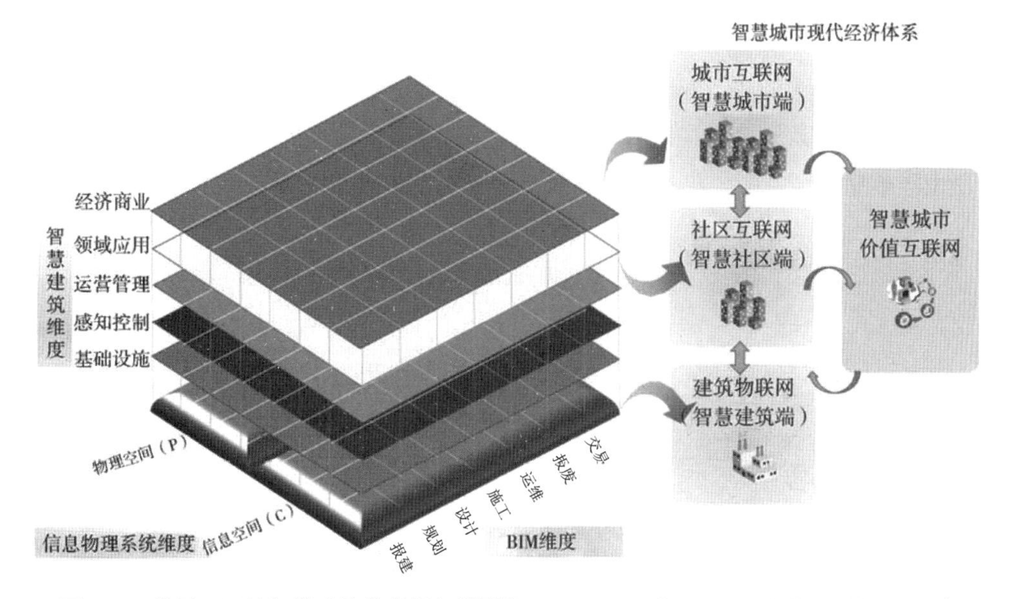

图7-1 基于BIM的智慧建筑参考框架模型(BIM-based Smart Building Modeling)

如图7-1所示的模型中，BIM维度涵盖建筑工程全生命周期的主要阶段事件：报建、规划、设计、施工、运维、报废、交易。智慧建筑维度涵盖基础设施、感知控制、运营管理、领域应用、经济商业五个层次。如果在图7-1基本方法理念基础上，增加“绿色”约束，则可以构建出基于BIM的绿色生态智慧城市参考框架模型“BIM-based Green Smart City Modeling(BGSCM)”，如图7-2所示。由“BIM-based Green Smart City Modeling”出发进而可以构建出绿色智慧城市现代经济体系，从而支撑生态智慧城市经济学模型的建立。

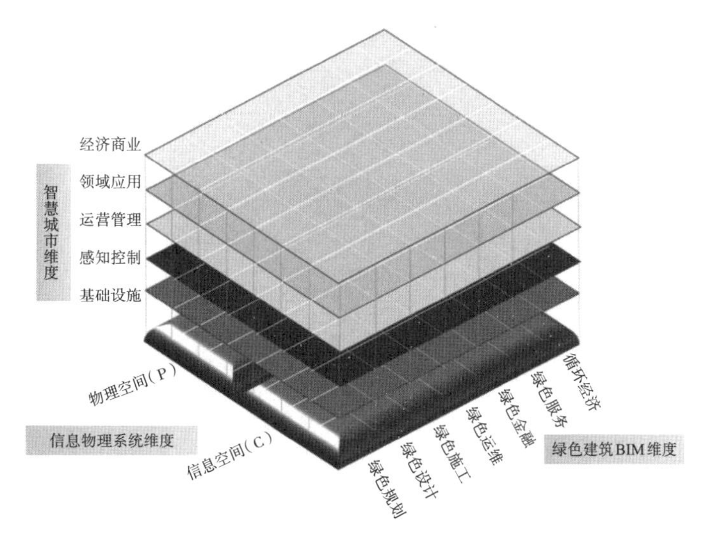

图7-2 基于BIM的绿色生态智慧城市参考框架模型(BGSCM)

课后习题

1. 简述智能建筑的定义。

2.BIM维度涵盖建筑工程全生命周期的主要阶段事件有哪些?

任务三　建筑信息模型与未来技术

学习内容

学习BIM技术的特点、发展现状、在工程建设各阶段的应用及未来前景。

具体要求

1. 了解BIM的定义、特点及发展现状。

2. 了解技术在工程建设各阶段的应用及未来前景。

一、BIM的概述

所谓BIM,即建筑信息模型(Building Information Modeling),是指在建设工程及设施全生命周期内,对其物理和功能特性进行数字化表达,并依此设计、施工、运营的过程和结果的总称,是在建设项目的规划、设计、施工和运维过程中进行数据共享、优化、协同与管理的技术和方法。具体情况,如图7-3所示。

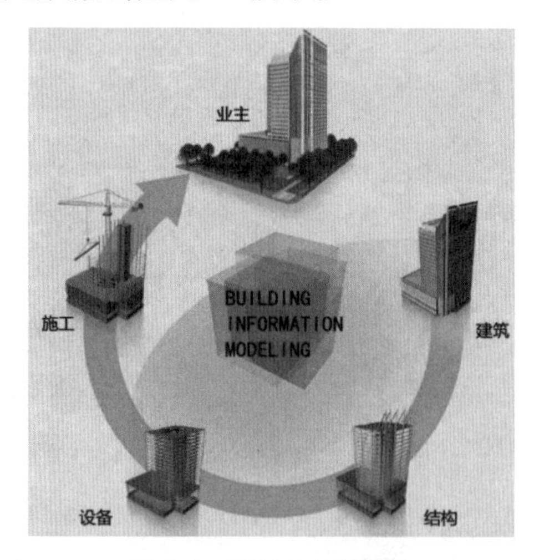

图7-3　建设工程全周期

BIM通过数字化技术，利用大数据库资源，在计算机中建立一座虚拟建筑，一个建筑信息模型就提供了一个单一的完整一致的具有逻辑的建筑信息库。通俗地说，BIM就是在建筑工程真正动工之前，先在电脑上模拟一遍建造过程，以解决设计中的不足和发现真实施工中可能存在的问题。这个模拟是基于真实数据，能够真正反映现实问题的模拟。

经过二十多年的发展和论证，各大城市均认可BIM的技术优势，BIM作为基于可视化建筑信息模型的信息集成和管理技术，先天具有协同性、可视化、模拟性、优化性、节约成本、共建共享等优势。

1.可视化

所见即所得，项目设计、建造、运营过程中的沟通、讨论、决策，都是在可视化的状态下进行。

2.模拟性

可进行节能模拟、紧急疏散模拟、日照模拟、热能传导模拟、施工模拟等。

(1)协同管理：各参建方在项目规划、设计、施工、运维全过程通过一个信息模型协同工作。

(2)成本控制：BIM模型可精确提取工程量信息，从而实现成本控制。

(3)进度控制：BIM施工模拟加入进度计划信息，实时模拟工程进度。

(4)廉政风险防控：通过BIM信息化平台，建立更加公开、透明的政府核查与监督机制。

(5)提升管理水平：减少错漏碰缺，提高工程质量，协同管理提升工作效率，从而提升整体管理水平。

基于BIM的这些优势，各大城市纷纷出台了鼓励BIM行业发展的政策文件。如：北京已出台《民用建筑信息模型(BIM)设计基础标准》(2014年5月1日实施)，并有《民用建筑信息模型施工建模细度技术标准》《智慧工地技术规程》；上海出台了《建筑信息模型应用标准》《上海市建筑信息模型技术应用指南(2017年版)》《上海市城乡和住房管理委员会关于本市保障性住房项目实施建筑信息模型技术应用的通知》；香港建筑业议会出台了《建筑信息模拟标准》。

二、BIM技术的发展现状

虽然BIM的优势人尽皆知，但是经过二十多年的发展，BIM并没有像大家想象的那样，带着天生的优势改变建筑行业的现状，原因在哪里？

对于不同的主体,对这个问题有完全不一样的回答:

对于设计单位而言,现阶段的BIM多是在二维设计图纸基础上重新翻模(如图7-4所示),增加工作量和人力成本。同时因为BIM行业人才匮乏,年轻设计师软件能力强但专业能力弱,资深设计师专业能力强但软件能力弱,因此培训难度大,设计师需投入额外时间来学习。

图7-4 图纸翻模

施工单位应用BIM只为满足甲方要求,额外投入大,工作量增加反而拖慢了进度。此外,项目局部应用于某项施工作业,如碰撞检查,并没做到全过程应用,没有体现BIM对进度、成本控制等方面的优势。部分单位单枪匹马做BIM,没有与其他单位协同工作,数据没有共享……

如果对这些现象的原因进行总结,我们可以将国内BIM应用的症结归纳为以下几个方面:

1.法律法规不完善

国家层面关于BIM技术的标准尚未完善,已出台的国标可操作性和指导性有待进一步验证。因无标准就无法厘清工程建设中规划、设计、施工、运维、监管等各个主体单位各自的专业边界和相应的法律责任。设计企业因无BIM服务费,不愿提供真实完整的模型;而施工企业无统一交付标准,不敢使用设计单位提供的模型。

2.各方应用层次低范围小

按不完全统计,目前部分项目的BIM应用仅仅是综合管线碰撞方面,设计阶段使用极少,更谈不上全生命周期或在更高的城市级层面上应用。绝大多数项目还是按照几十年不变的传统方式,在管理项目的规划设计施工。建设单位和建设监管部门因无BIM验收标准和专业人才,无法实施有效管理。

3.本地企业缺乏BIM人才

设计单位受限于人才缺乏，导致正向设计推行缓慢，以BIM后验证（先有图纸再建模）为主；且有经验的设计师方案能力强但软件建模弱，年轻设计师方案能力弱但软件建模强。

4.企业利益干扰导致廉政风险

设计施工图纸的错漏缺失导致的修改变更引起造价增加，是施工企业主要利润来源之一，而BIM应用的目标之一是以无限接近零变更为目标，动了施工企业的“奶酪”；投标人恶性竞争，施工企业往往以低价或围标中标后，通过设计变更获取利润，如果建立完整的设计施工模型，就像皇帝的新装被一览无余，设计可变更性大幅下降。因此不仅设计和施工模型的共享性差，且造成建设行业的廉政风险。

三、BIM技术在工程建设各阶段的应用

各地的BIM政策不尽相同，实施路径也有差异。以深圳为例，在《福田区政府投资项目应用建筑信息模型（BIM）技术实施指引》中，对BIM的应用场景做了详细的规定。

1.方案设计阶段

利用BIM技术对项目的设计方案可行性进行验证，对下一步深化工作进行推导和方案细化。利用BIM软件对建筑项目所处的场地环境进行必要的分析，如坡度、坡向、高程、纵横断面、挖填量、等高线、流域等，作为方案设计的依据。进一步利用BIM软件建立建筑模型，输入场地环境相应的信息，进而对建筑物的物理环境（如气候、风速、地表热辐射、采光、通风等）、出入口、人车流动、结构、节能排放等方面进行模拟分析，选择最优的设计方案。

2.初步设计阶段

深化结构建模设计和分析核查，推敲完善方案设计模型，通过BIM设计软件，对平面、立面、剖面位置进行一致性检查，将修正后的模型进行剖切，生成平面、立面、剖面及节点大样图。在初步设计过程中，沟通、讨论、决策、应用围绕方案设计模型进行，发挥模型可视化、专业协同的优势。

3.施工图设计阶段

各专业模型构建并进行优化设计的复杂过程，包括建筑、结构、给排水、暖通、电气等专业。在此基础上，根据专业设计、施工等知识框架体系进行碰撞检测、三维管线综合、竖向净空优化等基本应用，完成对施工图设计阶段的多次优化。针对某些会影响净高要求的重点部位，进行具体分析并讨论，优化机电系统空间走向排布和净空高度。

4.施工准备阶段

施工深化设计、施工场地规划、施工方案模拟。该阶段BIM应用对施工深化设计准确性、施工方案的虚拟展示等方面起到关键作用。施工单位应结合施工工艺及现场管理需求对施工图设计阶段的模型进行信息添加、更新和完善,以得到满足施工需求的施工作业模型。

5.施工实施阶段

主要体现在施工现场管理,一般是将施工准备阶段完成的模型,配合选用合适的施工管理软件进行集成应用。其不仅是可视化的媒介,而且能对整个施工过程进行优化和控制,有利于提前发现并解决工程项目中存在的潜在问题,减少施工过程中的不确定性和风险。同时,按照施工顺序和流程模拟施工过程,可以对工期进行精确的计算、规划和控制,也可以对人、机、料、法等施工资源统筹调度、优化配置,实现对工程施工过程交互式的可视化和信息化管理。

6.运维阶段

基于竣工模型搭建运维管理平台并付诸具体实施。其主要步骤是:运维管理方案策划、运维管理系统搭建、运维模型构建、运维数据自动化集成、运维系统维护等五个步骤。其中基于BIM的运维管理的主要功能模块包括:空间管理、资产管理、设备管理、能源管理、应急管理等。

四、BIM技术的应用未来

在信息化技术发展的背景下,BIM技术正在成为推动建筑业发展的核心技术之一,被认为是建筑业的变革性技术。BIM技术的成熟发展,提高了建筑工程的信息集成化程度,加深了其在建筑业全生命周期中的应用,最终形成高效、节能、低成本的可持续发展的业态。

建筑BIM行业未来的发展离不开与新技术的融合。2020年,住建部联合发改委、科技部、工信部等13个部门印发的《关于推动智能建造与建筑工业化协同发展的指导意见》中提出,加快推动新一代信息技术与建筑工业化技术协同发展,在建造全过程中加大建筑信息模型(BIM)、互联网、物联网、大数据、云计算、移动通信、人工智能、区块链等新技术的集成与创新应用。

2022年,是BIM概念提出的第20年。从全球范围来看,20年的共享、竞争和发展,形成了美国、英国、中国在BIM领域各有特色的基本格局。从中国角度来看,建筑业信息化完成了“BIM十年”的初期推广,进入以“数字建造、智能建造”为主题的“BIM+时代”。

BIM在建筑业的下一个十年或者未来的发展中,可以预见的有以下几大变化:

1.移动数据的获取

互联网与移动终端的普及,使人们获取信息的方式更为便捷。在建筑施工领域,将会看到更多建设、监理人员配备移动设备指导现场工作。

BIM技术在设计阶段集成的信息,反馈在施工阶段,通过移动端被广泛地获取并应用,提高了BIM技术的应用效益。移动数据的获取,如图7-5所示。

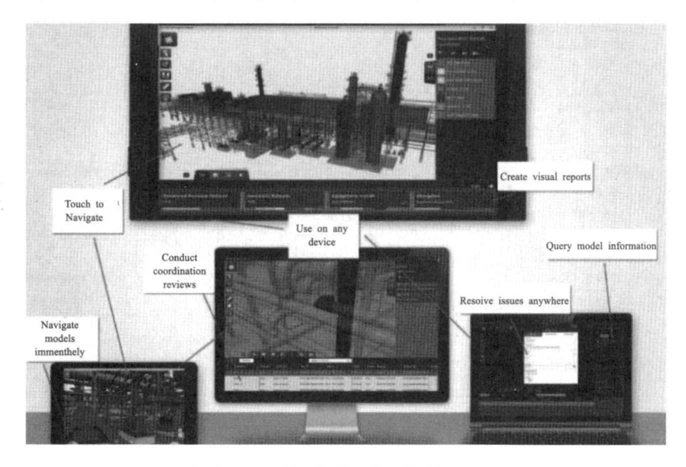

图7-5 移动数据的获取

2.无线传感器的应用

在建筑设计施工阶段,利用BIM与物联网信息的集成,让工程师充分了解建筑物的综合情况,从而提出更合理的设计和施工方案。

通过把监控器和传感器放置在建筑物的各个角落,对建筑内的温度、空气质量、湿度进行监测,结合供暖、通风、供水等控制信息,利用多专业建筑设计软件Open Buildings Designer建立建筑BIM模型,在三维环境下进行综合决策,具体如图7-6所示。

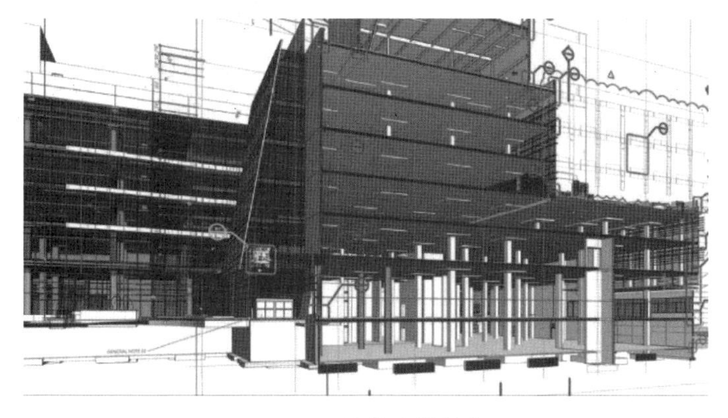

图7-6 无线传感器的应用

3. 云计算的计算分析

云计算(如图7-7所示)是信息化发展的一个重要概念。随着建筑行业的发展,未来将会有更多复杂的、异形的大型建筑出现,这些建筑的出现将会为建筑分析带来一定的困难。云计算强大的计算能力能解决建筑结构、能耗等计算分析带来难题,其渲染和分析几乎能达到实时计算,可帮助设计师在诸多设计和解决方案中进行准确的选择。

图7-7 云计算

4. 数字化的现实捕捉

通过激光扫描仪扫描桥梁、道路等工程区域信息,获得早期的一手数据。通过点云建模技术(Context Capture),建立BIM模型,如实展示建筑的三维空间信息和全方位的现场情况。具体情况,如图7-8所示。

图7-8 数字化的现实捕捉

5. 协作式的工作模式

未来建筑业的发展需要大量建筑数据的集成与应用,一个大型建筑项目需要不同专业和组织的相互沟通与协作,基于一个协同平台,一套标准化的工作流程,设计团队、施工单位、设施运营部门和业主等各方人员可以基于BIM进行协同工作,实现BIM在项目全生命周期价值最大化。

课后习题

1.简述BIM的定义。

2.简述BIM的发展状况。

3.BIM的技术优势包括哪几方面?

4.BIM在建筑业的下一个十年或者未来的发展中,可以预见的变化有哪些?

任务四 基于BIM的施工信息化技术

学习内容

以深圳某保障房项目为例,了解BIM技术在装配式建筑中的应用。

具体要求

1.了解BIM技术在保障房项目设计、生产、施工、装修阶段的应用。

2.熟知BIM技术在装配式建筑中的应用优势。

一、BIM在装配式建筑中的应用(以深圳某保障房项目为例)

深圳某保障房项目采用了装配整体式剪力墙体系。该项目大部分外墙采用预制墙体,小部分外墙结合立面造型采用PCF模板现浇,内承重墙也是部分预制部分现浇;另外还采用叠合梁、叠合板、预制楼梯、预制阳台等预制构件,以2号楼为例预制率为49.3%,装配率为71.5%,项目整体的预制率装配率较高。项目的标准层平面图,如图7-9所示。保障房2号楼预制墙板划分图,如图7-10所示。

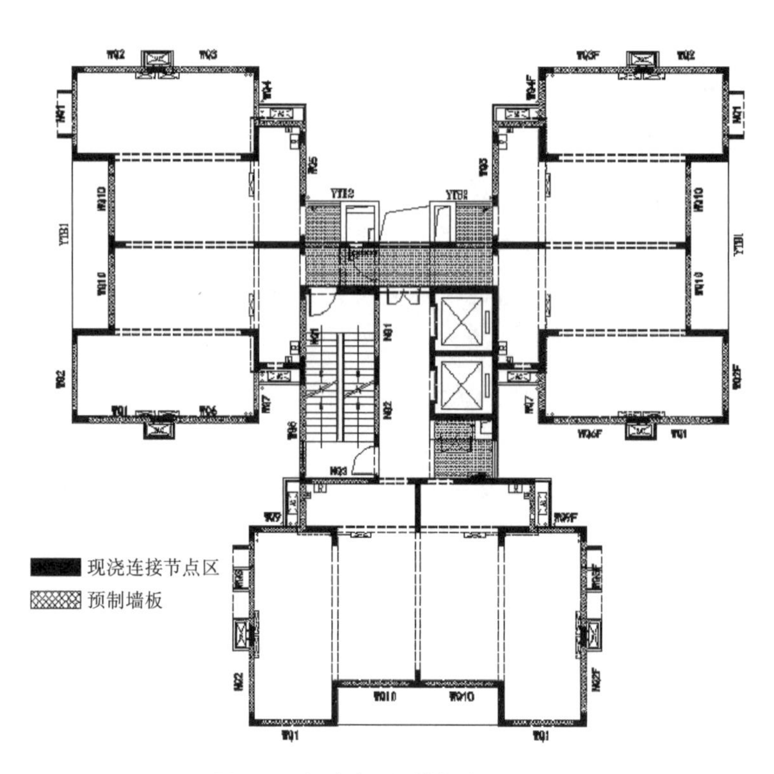

图7-9　保障房2号楼标准层平面图

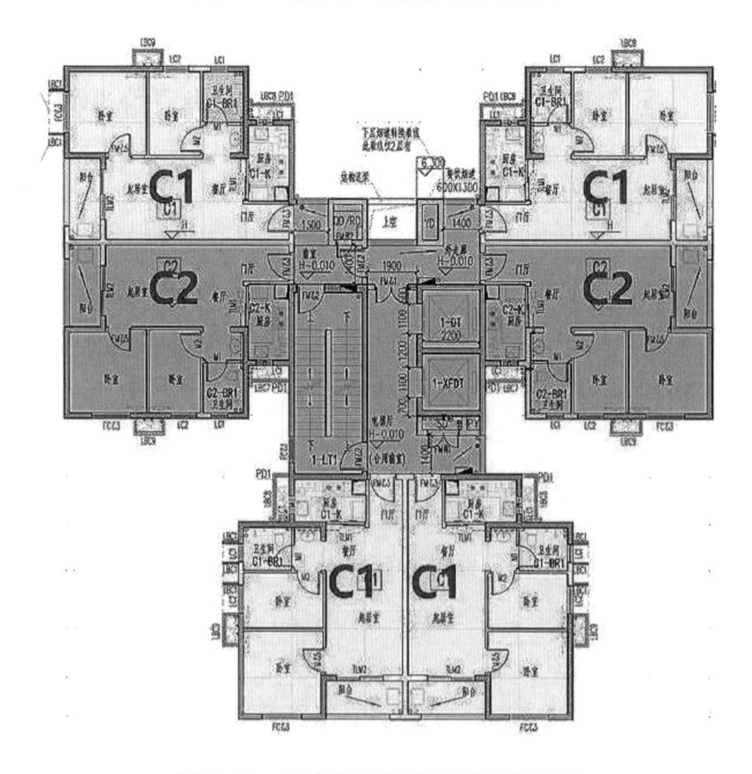

图7-10　保障房2号楼预制墙板划分图

二、BIM技术在保障房项目设计阶段的应用

1.制定标准化的设计流程

在传统设计方式中,各专业设计人员各自为政,各有自己的设计风格和习惯,同样一个构件或者项目,不同的设计人员会有不同的设计方法。在这个保障房项目BIM方案开始实施之前,首先制定了一套标准化的设计流程,采用统一规范的设计方式,各专业设计人员均需遵从统一的设计规则,大大加快了设计团队的配合效率,减少设计错误,提高设计效率。

2.进行模数化的构件组合设计

在装配式建筑设计中,各类预制构件的设计是关键。这就涉及预制构件的拆分问题,在传统的设计方式中,是由构件生产厂家,在设计施工图完成后进行构件拆分。这种方式下,构件生产厂家要对设计图纸进行熟悉和再次深化,存在重复工作。装配式建筑应遵循少规格、多组合的原则,在标准化设计的基础上实现装配式建筑的系列化和多样化。在该项目设计过程中,事前确定所采用的工业化结构体系,并按照统一模数进行构件拆分,精简构件类型,提高装配水平。

3.建立模块化的构件库

在以往的工业化建筑或者装配式建筑中,预制构件是根据设计单位提供的预制构件加工图进行生产的,这类加工图还是传统的平立剖加大样详图的二维图纸,信息化程度低。BIM技术相关软件中,有"族"的概念,基于这一设计理念,根据构件划分结果并结合构件生产厂家的生产工艺,建立起模块化的预制构件库。在不同建筑项目的设计过程中,只需从构件库中提取各类构件,再将不同类型的构件进行组装,即可完成最终整体建筑模型的建立。构件库的构件种类也可以在其他项目的设计过程中进行应用,并且不断扩充,不断完善,具体情况如图7-11所示。

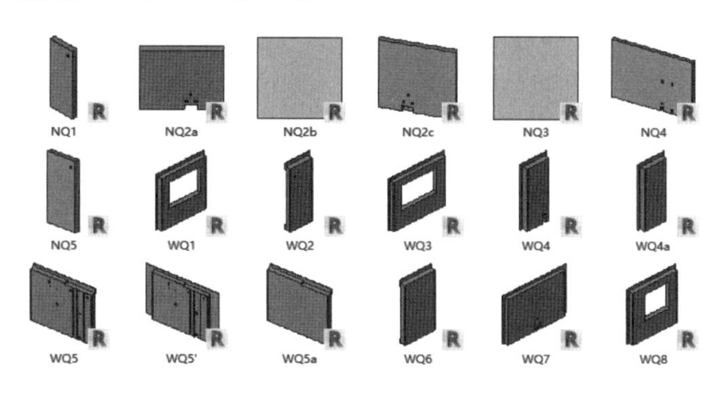

图7-11 保障房2号楼标准化构件库

4.组装可视化的三维模型

传统设计方式是使用二维绘图软件,以平面、立面、剖面和大样详图为主要出图内容,这种绘图模式,各个设计专业之间相对孤立,是一种单向的连接方式,对于不断出现的设计变化,难以及时应对,导致设计过程中出现大量修改,甚至在出图完成后还会有大量的设计变更,效率较低,信息化程度低。将模块化、模数化的BIM构件进行组合可以构建一个三维可视化BIM模型,通过效果图、动画、实时漫游、虚拟现实系统等项目展示手段,可将建筑构件及参数信息等真实属性展现在设计人员和甲方业主面前,在设计过程中可以及时发现问题,也便于甲方及时决策,可以避免事后的再次修改。具体情况,如图7-12和图7-13所示。

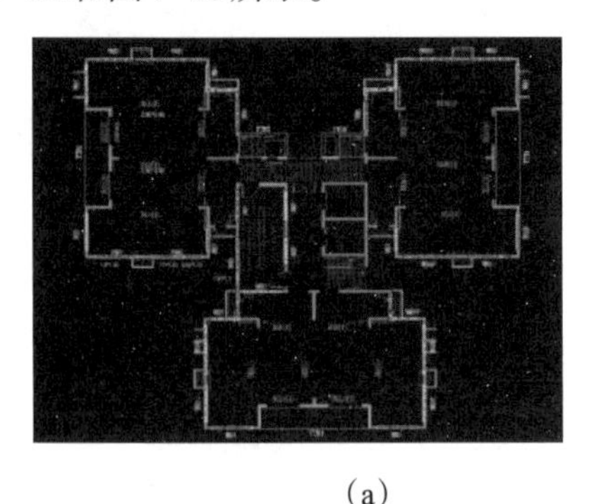

(a)

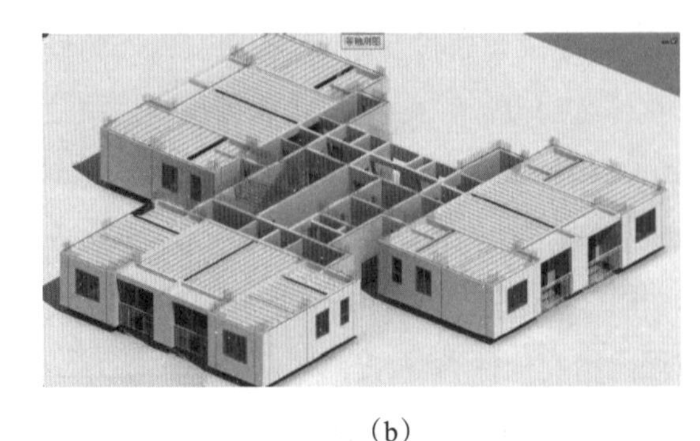

(b)

图7-12　从传统二维设计到3D可视化设计

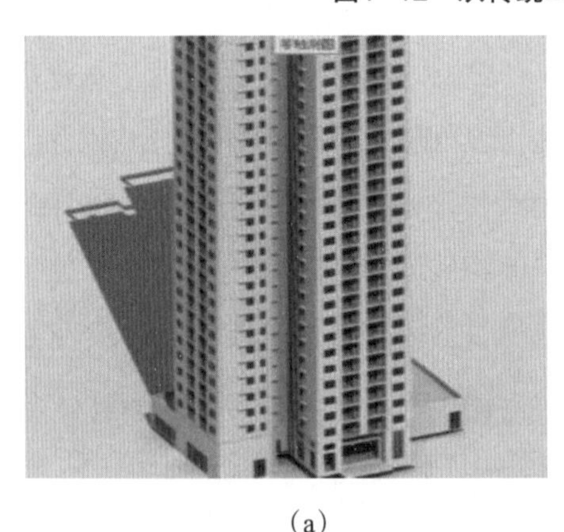

(a)

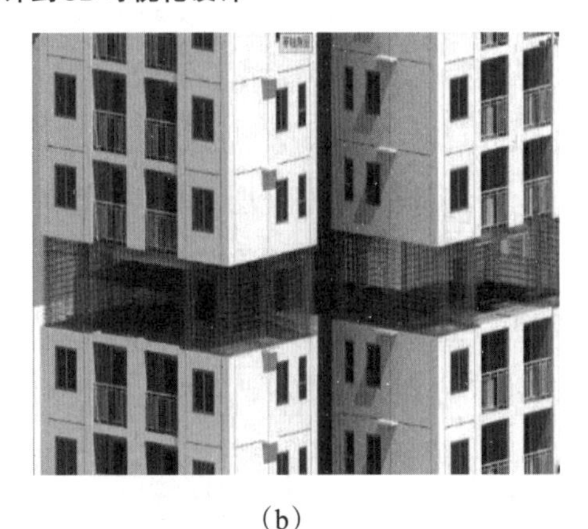

(b)

图7-13　BIM技术中建筑及结构可视化设计

5.高效的设计协同

采用BIM技术进行设计,设计师均在同一个建筑模型上工作,所有的信息均可以实时进行交互,可视化的三维模型使得设计成果直观呈现,同时还可以进行不同专业间的设计冲突检查。在传统设计方法中,不同专业人员需要人工手动查找本专业和其他专业的冲突错误,费时费力而且容易出现遗漏的状况,BIM技术直接在软件中就可以完成不同专业间的冲突检查,大大提高了设计精度和效率。

6.便捷的工程量统计和分析

BIM模型中存储着各类信息,设计师可以随时对门窗、部件、各类预制构件等的数量、体积、类别等参数进行统计,再根据这些材料的一般定价,即可以大致估计整个项目的经济指标。设计师在设计过程中,可以实时查看自己设计方案的经济指标是否能够满足业主的要求。同时,模型数据会随着设计的深化自动更新,确保项目统计信息的准确性。

三、BIM技术在保障房项目生产阶段的应用

1.构件设计的可视化

采用BIM技术进行构件设计,可以得到构件的三维模型,可以将构件的空间信息完整直观地表达给构件生产厂家。具体情况,如图7-14所示。

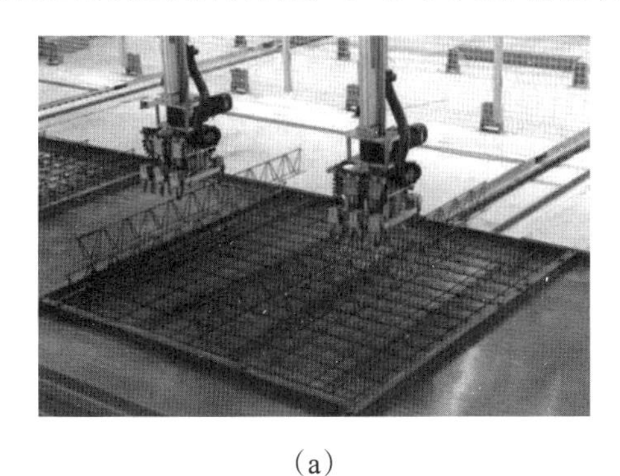

(a)

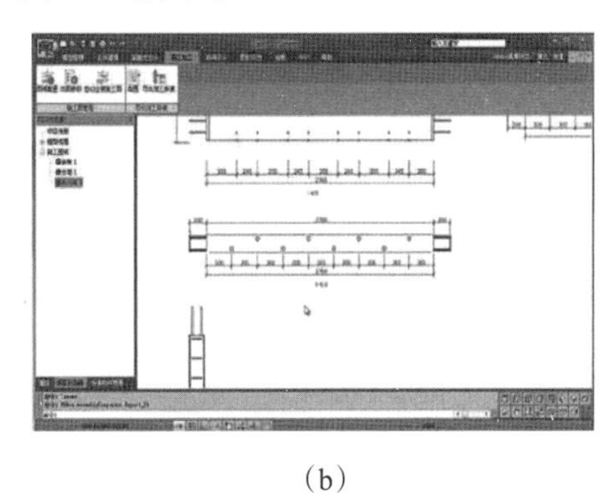

(b)

图7-14 预制构件生产的可视化

2.构件生产的信息化

构件生产厂家可以直接提取BIM信息平台中,各个构件的相关参数,根据相关参数确定构件的尺寸、材质、做法、数量等信息,并根据这些信息合理地确定生产流程和做法,同时生产厂家也可以对发来的构件信息进行复核,并且可以根据实际生产情况,向设计单位进行信息的反馈,这样就使得设计和生产环节实现了信息的双向流动,提高了构件生产的信息化程度。具体情况,如图7-15所示。预制构件生产标准化,如图7-16所示。

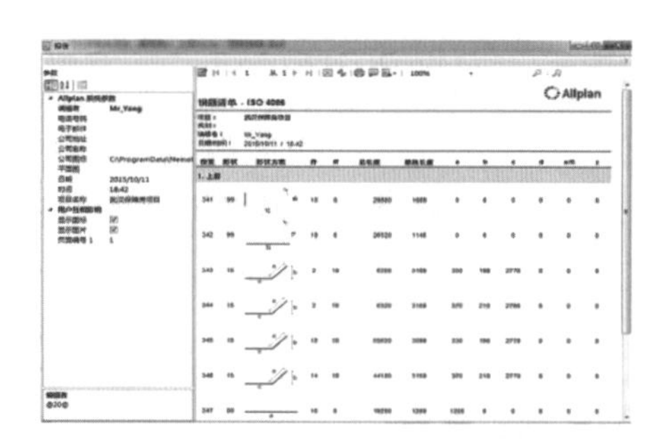

图7-15　预制构件生产的信息化

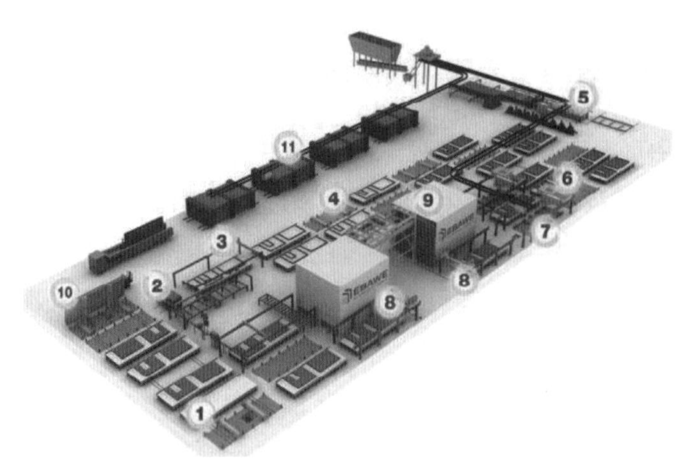

图7-16　预制构件生产标准化

3.构件生产的标准化

生产厂家可以直接提取BIM信息平台中的构件信息，并直接将信息传导到生产线，直接进行生产。同时，生产厂家还可以结合构件的设计信息以及自身实际生产的要求，建立标准化的预制构件库，在生产过程中对于类似的预制构件只需调整模具的尺寸，即可进行生产如图7-17所示的预制构件。通过标准化、流水线式的构件生产作业，可以提高生产厂家的生产效率，增加构件的标准化程度，减少由于人工操作带来的失误，改善工人的工作环境，节省了人力和物力。

(a)外墙板

(b)叠合板

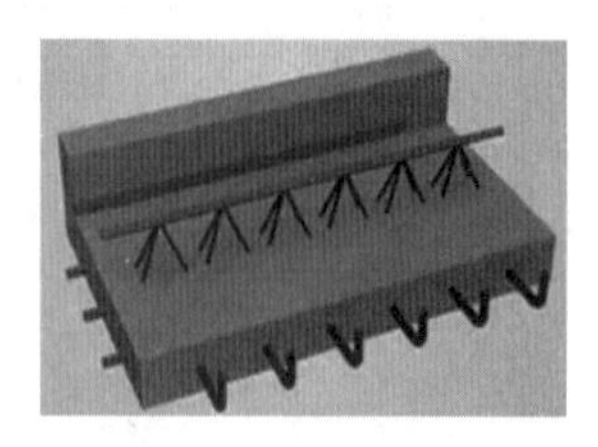

(c)空调板

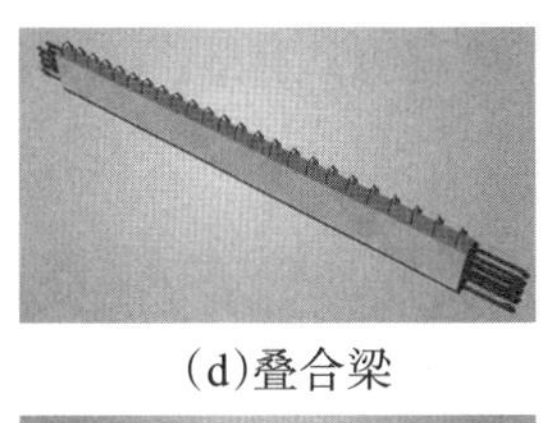
(d)叠合梁

(e)轻质混凝土墙板

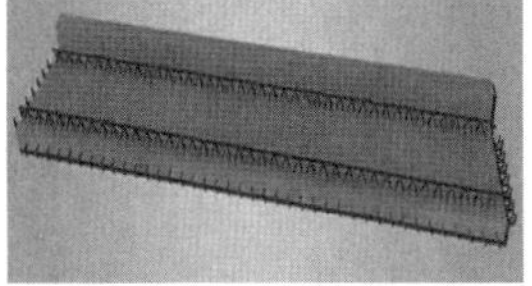
(f)阳台板

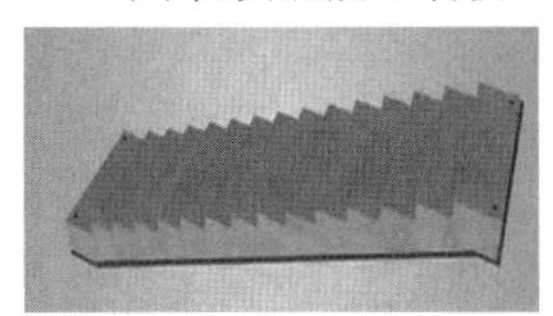
(g)楼梯楼板

图7-17 预制构件

四、BIM技术在保障房项目施工阶段的应用

工业化建筑采用构件工厂预制生产，构件运输到现场，再吊装安装的施工模式。施工环节是项目进程中的重要环节。

1.施工深化设计

施工深化设计的主要目的是提升深化后建筑信息模型的准确性、可校核性。将施工操作规范与施工工艺融入施工作业模型，使施工图满足施工作业的需求。施工单位依据设计单位提供的施工图与设计阶段建筑信息模型，根据自身施工特点及现场情况，完善或重新建立可表示的工程实体，即施工作业对象和结果的施工作业模型。该模型应当包含工程实体的基本信息。BIM技术工程师结合自身专业经验或与施工技术人员配合，对建筑信息模型的施工合理性、可行性进行甄别，并进行相应的调整优化；同时，对优化后的模型实施冲突检测，具体情况如图7-18所示。

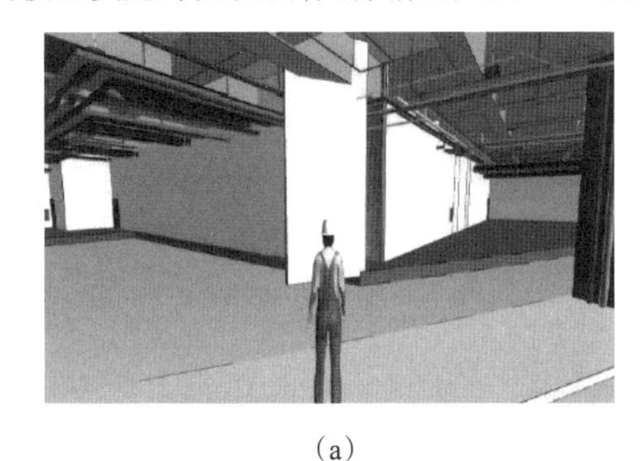
(a)

(b)

图7-18 采用BIM进行碰撞检测

2.施工过程的仿真模拟

在制定施工组织方案时，施工单位技术人员将本项目计划的施工进度、人员安排等信息输入BIM信息平台中，软件可以根据这些录入的信息进行施工模拟，同时，BIM技术

也可以实现不同施工组织方案的仿真模拟，施工单位可以依据模拟结果选取最佳施工组织方案，具体情况如图7-19至图7-25所示。

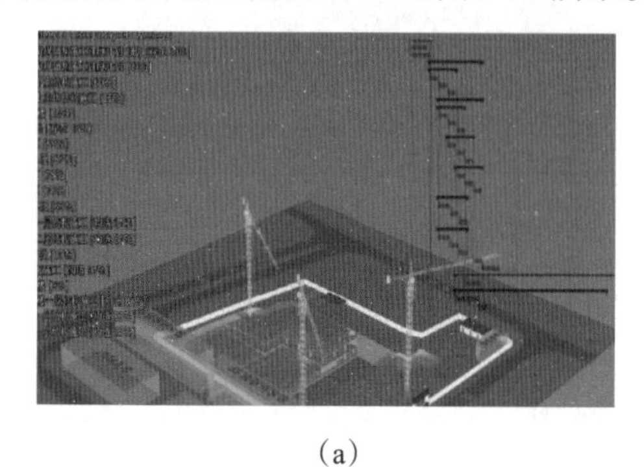

(a)

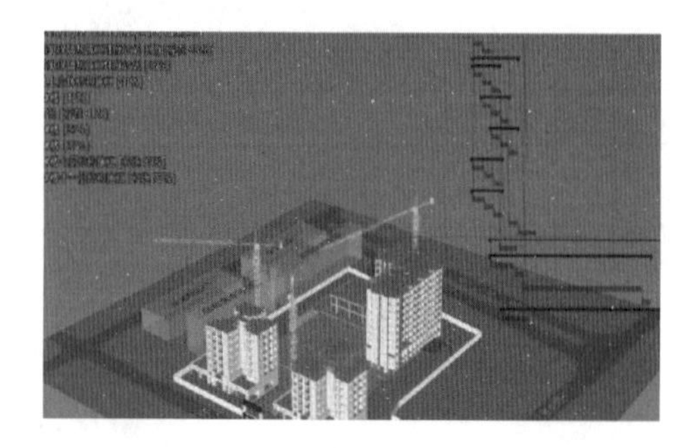

(b)

图7-19　应用BIM技术进行施工仿真模拟

图7-20　BIM模拟现场预制构件运输与堆放

图7-21　BIM模拟现场外墙安装

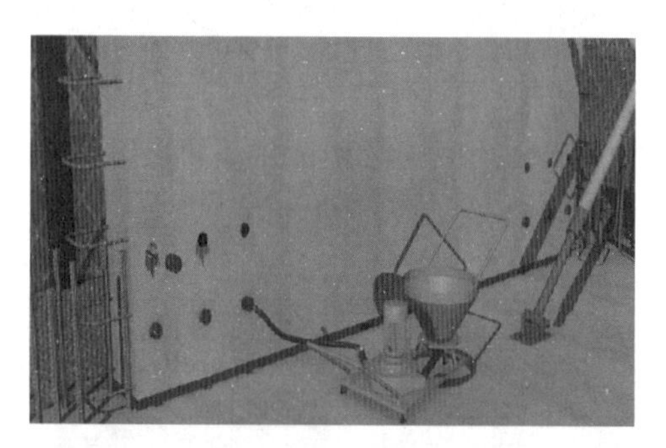

图7-22　BIM模拟外墙板灌浆图

图7-23　BIM模拟铝模的安装固定

图7-24　BIM模拟预制楼梯吊装

图7-25　BIM模拟预制阳台吊装

3.施工过程中的综合管控

施工单位在施工过程中,可将施工过程中产生的相关信息实时输入BIM信息平台中,全面监控工程现场情况。在现场施工时,BIM技术可以作为施工进度监督表,并指导现场施工,可以通过软件对现场实际的施工进度与原计划进度进行对比分析,及时安排人员的调配和各类物资的运输堆放,具体情况如图7-26所示。

(a)

(b)

图7-26 运用BIM进行施工过程中的综合管控

五、BIM技术在保障房项目装修阶段的应用

1.构建标准化的装修部件库

和建立标准化的预制构件库一样,采用BIM技术也可以构建起标准化的装修部件库。在本项目中,根据业主要求,从装修部件库中选取了相应的部件组装到整体模型中。同时本项目中新增的各类装修部件,也可以完善装修部件构件库。

2.装修部件的模块化拆分与组装

内装设计应配合建筑设计同时开展工作,根据建筑项目各个功能区的划分,将装修部件分解成不同的模块,常见的模块主要是卫浴模块和厨房模块。可以根据户型大小,功能划分直接将模块化的装修部件组装到BIM模型中。

3.装修部件的工业化生产

在建立好标准的装修部件库以及模块化的装修方案后,可以给业主提供菜单式的选择服务。业主可以根据自己的喜好和需求选取相应的装修部件。在确定好建筑项目的部件类型后,装修部件生产厂家可以提取BIM信息平台中相关部件的信息,实现工业化的批量生产,生产完成后,运输到施工现场,根据图纸进行整体吊装。这种方式,可以保证装修部件的质量,在很大程度上可以避免传统施工方式中厨房和卫生间可能出现的渗漏水现象。

六、BIM技术在装配式建筑中的应用优势总结

BIM技术集成了整个建筑项目中各个部门的数据信息,BIM模型本身就是一个数据模型。而这个数据模型可以完整准确地提供整个建筑工程项目的信息。

BIM技术在装配式建筑中的应用优势总结如下:

1.相互匹配的精度

BIM能适应建筑工业化精密建造的要求。装配式建筑是采用工厂化生产的构件、配件、部件,采用机械化、信息化的装配式技术组装而成的建筑整体,其工厂化生产的构配件精度能够在毫米级,现场组装也要求较高精度,以满足各种产品组件的安装精度要求。总体来说,建筑工业化要求全面"精密建造",也就是要全面实现设计的精细化、生产加工的产品化和施工装配的精密化。而BIM应用的优势,从"可视化"和"3D"模拟的层面,在于"所见即所得",这和建筑工业化的"精密建造"特点高度契合。而在传统建筑生产方式下,由于其粗放型的管理模式和"齐不齐、一把泥"的误差、工艺与建造模式,无法实现精细化设计、精密化施工的要求,也无法和BIM相匹配。

2.集成的建筑系统信息平台

新型装配式建筑是设计、生产、施工、装修和管理"五位一体"的体系化和集成化的建筑,不是"传统生产方式+装配化"的建筑,它应该具备新型建筑工业化的五大特点——"标准化设计、工厂化生产、装配化施工、一体化装修和信息化管理",用传统的设计、施工和管理模式进行装配化施工不是建筑工业化。装配式建筑核心是"集成",BIM方法是"集成"的主线。这条主线串联起设计、生产、施工、装修和管理的全过程,服务于设计、建设、运维、拆除的全生命周期,可以数字化仿真模拟,信息化描述各种系统要素,实现信息化协同设计、可视化装配,工程量信息的交互和节点连接模拟及检验等全新运用,整合建筑全产业链,实现全过程、全方位的信息化集成。

3.设计过程中建筑、结构、机电、内装各专业的高效合作与协同

BIM技术可以提供一个信息共享平台,各个专业的设计师通过这一平台建立模型,共享信息。大家在一个模型上设计,每个专业都能共享同一个最新信息。任何一个环节出现误差或者修改,其他设计人员均可以及时发现,并对其进行处理。同时,不同专业的设计师可以在同一平台上分工合作,按照一定的标准和原则进行设计,可以大大提高设计精度和设计效率。

BIM技术在装配式建筑中的应用,将大大加快装配式项目在全国各地的推进速度。随着BIM技术在装配式建筑中的不断应用,BIM技术的优势将在实践过程中不断体现,

相信会有越来越多的装配式建筑项目应用BIM技术。

课后习题

1. 简述BIM的概念及BIM的工作方式。

2.BIM相关政策和标准包括哪些?

3.BIM技术在装配式建筑中的应用优势有哪些?

4.BIM技术在项目设计阶段、生产阶段、施工阶段、装修阶段如何运用?

任务五　基于BIM的VR技术

学习内容

为改善工程存在的信息表达不全面、与业主沟通不顺畅、设计变更烦琐等问题,通过将BIM与VR技术应用到实际工程中,发挥可视化与虚拟现实的优势,在建筑工程信息时效性、全天候性、交互性、自主性等方面均具有创新价值。

学习虚拟现实(VR)技术及在装配式建筑中的应用。

具体要求

1. 了解虚拟现实(VR)技术。

2. 了解VR技术在装配式建筑中的应用。

一、技术简介

虚拟现实(Virtual Reality,简称VR)技术,是一种可以创建和体验虚拟世界的计算机仿真系统,它通过三维图形生成技术、多传感交互技术以及高分辨率显示等技术,生成三维逼真的虚拟环境,并综合利用计算机图形学、仿真技术、多媒体技术、人工智能技术、计算机网络技术、并行处理技术和多传感器技术,模拟人的视觉、听觉、触觉等感觉器官功能,使人能够沉浸在计算机生成的虚拟境界中,并能够通过语言、手势等自然方式与之进行实时交互,创建了一种适人化的多维信息空间。

BIM 技术的应用实现了真实的三维建筑模型的精准搭建,而VR技术使三维模型的实时、真实交互成为可能,具体情况如图7-27所示。

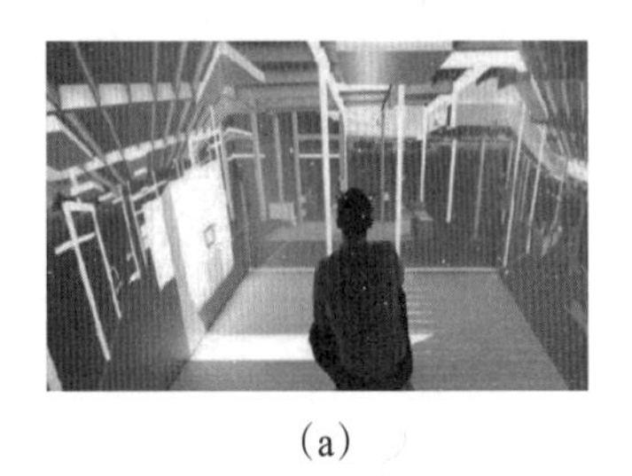
(a)

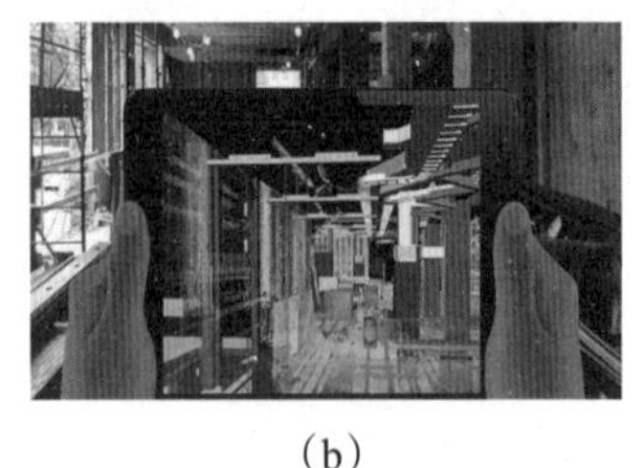
(b)

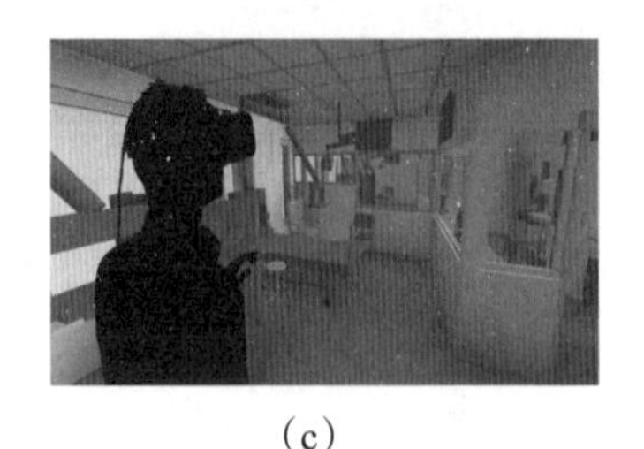
(c)

图7-27 基于BIM的VR技术

二、基于BIM的VR技术在装配式建筑中的应用

基于BIM的VR技术可以应用在装配式建筑中的“设计—生产—装配—运维”的全生命周期里。

设计阶段的VR技术应用，包括设计本身和设计成果的展示。通过VR技术，设计师可以在虚拟的创作空间里任意发挥自己的设计才能，身临其境般地完成自己的构思并完成建筑模型的搭建，实现“所思即所见”的设计目标。此外，基于VR技术的设计成果的展示，也会让业主和用户更能直观感受设计师的设计想法，并将自己的真实感受反馈给设计师。

生产阶段的VR技术，可以将工厂内设备的布局及运转情况实时、直观地反馈给管理者，同时可以通过虚拟现实技术对生产工人进行技术交底。

装配阶段的VR技术可以提高BIM技术的应用价值。通过虚拟现实技术，更为真实地为管理者和工人提供装配施工的总平面模拟、施工方案模拟、技术交底、质量安全管理等。

运维阶段的VR应用可以通过物联网的介入，使得建筑本体与其内部的人和物品数据化、信息化。以BIM模型为基础将数据化的人与物品同建筑信息模型发生交互，从而实现建筑物、人、物品之间信息的互联和共享，从而实现能耗与环境监测、设备和安全的虚拟现实管理。

总之，VR技术的应用使得BIM技术如虎添翼，让业主、设计方、建设方、运维方及使用方与装配式建筑的交互更为直观、真实。随着计算机软硬件技术的快速发展，虚拟现实技术在装配式建筑中的应用前景越来越广阔。

课后习题

1. 简述虚拟现实技术的定义。

2. 简述基于BIM的VR技术在装配式建筑中的应用特点。

项目八　工程案例

一、工程概况

（一）工程概况

1. 工程名称：官渡3号地块三期（1#～3#、5#、6#、11#～14#、19#～22#、27#、28#、67#～92#、公配电1、公配电3、开闭所、公配5、公配6）。

2. 建设地点：浙江省绍兴市镜湖新区官渡路。

3. 建设单位：绍兴垄鼎置业有限公司。

4. 设计单位：浙江施朗龙山工程设计有限公司。

5. 监理单位：浙江蟠龙工程管理有限公司。

6. 勘测单位：浙江有色勘测规划设计有限公司。

7. 施工单位：浙江勤业建工集团有限公司。

8. PC供应商：绍兴精工绿筑集成建筑系统工业有限公司/浙江元筑住宅产业化有限公司。

本工程包含1#～3#、5#、6#、11#～14#、19#～22#、27#、28#、67#～92#、公配电1、公配电3、开闭所、公配5、公配6，地下1层，地下室层高为3.3～5.2 m；地上1～6层，总建筑面积约109635.87 m^2。其中公配房为1层，1#～3#、5#、6#、11#～13#、19#、20#～22#、27#、28#楼为地上6层。建筑高度为17.9 m，标准层层高为2.9 m。其余楼号为地上3层，建筑高度为11 m，层高为3.3～3.9 m。

（二）PC构件概况

本工程为预制构件，分别为预制阳台、预制填充墙、预制楼梯、预制墙板等。

PC构件特点：

1. 产业化流水预制构件工业化程度高。

2. 成型模具和生产设备一次性投入后可重复使用，耗材少，节约资源与费用。

3. 现场装配、连接，可避免或减轻施工对周边环境的影响。

4.工业化节能降耗成效显著,节电、节水、节能,建筑废弃物得到减少,扬尘、噪声污染得到有效控制。

5.工程施工周期短。

6.劳动力资源投入相对减少。

7.机械化程度有明显提高,操作人员劳动强度得到有效缓解。

二、编制依据

1.《装配式混凝土结构技术规程》(JGJ 1—2014)。

2.《预制钢筋混凝土板式楼梯》(15G367—1)。

3.《预制混凝土构件质量控制标准》(DB11/T 1312—2015)。

4.《装配整体式混凝土结构施工及质量验收规范》(DG J08-2117—2012)。

5.《预制混凝土剪力墙外墙板》(15G365—1)。

6.《装配式混凝土结构连接节点构造》(G 310-1—2)。

7.《建筑施工扣件式钢管脚手架安全技术规程》(JGJ 130—2011)。

8.《建筑施工轮扣式钢管脚手架安全技术规范》(JGJ 166—2008)。

9.《建筑施工模板安全技术规范》(JGJ 162—2008)。

10.北仑大九峰山1#地块项目相关图纸。

三、施工计划

(一)工期计划

按总施工计划8天/层,计划于2020年9月25日开始2F层PC构件吊装施工,2021年3月30日完工,工期为180天。

(二)材料计划

PC构件施工前需定制专用临时支撑,临时支撑连接楼板和预制构件,需事先在楼板和预制构件中按图纸预埋螺栓套筒,施工前由专业技术人员统计所需临时支撑数量,并联系相关厂家定制足够临时支撑,如图8-1和表8-1所示。

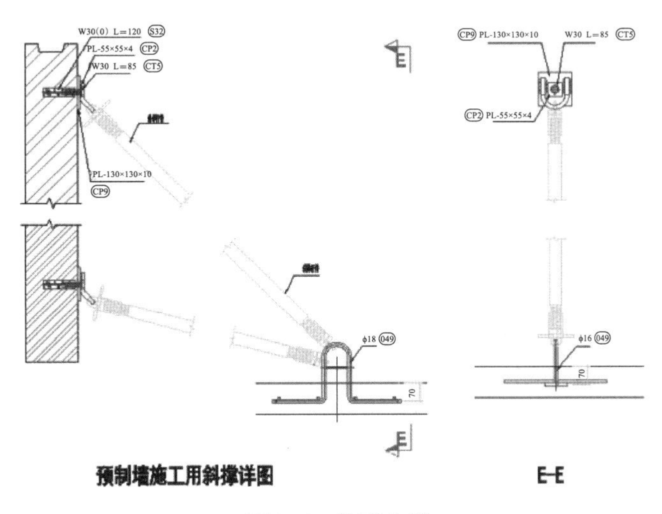

图8-1 临时支撑

表8-1 临时支撑

物料品	数量	备注
48×3.0钢管	7800 m	
扣件	32000个	
40×90木方	8000 m	
U托	5000个	

(三)劳动力计划

1.项目管理组织架构

项目管理组织架构,如图8-2所示。

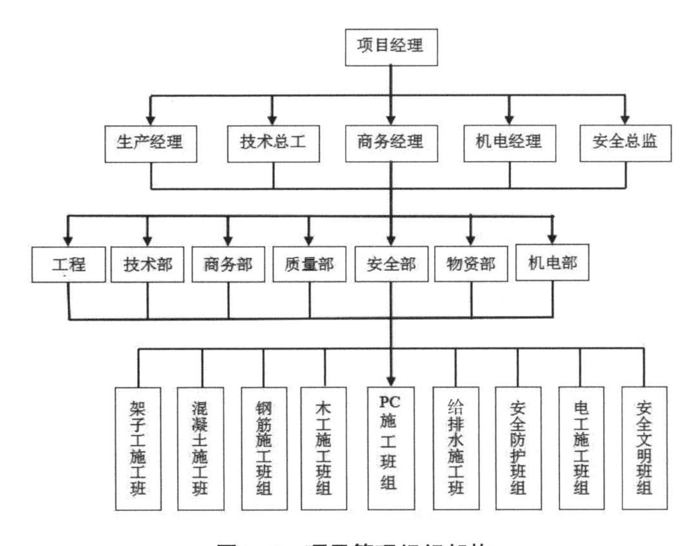

图8-2 项目管理组织架构

2.作业人员计划

作业人员计划,如表8-2所示。

表8-2　作业人员计划

工种	数量/人
专业安装工人	35
普通工人	5

(四)施工机械设备计划

吊装机械选型,本工程设计采用12台Q25汽车吊,预制构件最大重量为3.3 t,完全满足现场施工需要。

四、施工准备

(一)技术准备

1.工程开工前

现场按照设计院提供的PC构件深化设计图纸,结合工程实际,做好下列施工准备。

(1)PC构件深化图确认前,将本项目与PC构件相关联的节点进行前期深化,木模与PC构件连接深化、施工电梯PC附着点位前期深化。

(2)加强建筑图、结构图和构件图及水电安装图纸的结合,比较各图纸的相符性,确保工厂制作和设计、现场施工的相吻合,深化后的图纸应经设计院确认。

(3)运用BIM技术对预制构件现场堆放进行施工模拟,确保构件场内堆放合理有序。

(4)落实施工前期工作,包括预制构件保护起吊、运输、储存、临时支撑、接缝防水处理等。

2.交底和沟通

(1)按照三级技术交底程序要求,逐级进行技术交底,特别是对不同技术工种的针对性交底,要切实加强和落实。

(2)根据构件的受力特征进行专项技术交底培训,确保构件吊装状态符合构件设计状态受力情况,防止构件吊装过程中发生损坏。

(3)切实加强与建设单位、设计单位及构件分包单位的联系。

(4)施工前,坚持样板引路制度,组织参观实体样板,让施工人员了解预制装配式剪力墙结构的特点和要求,正式施工时能有个参照和实样的概念。

(5)根据构件的连接方式,进行连接钢筋定位、灌浆套筒连接、安装工艺培训,规范操作顺序，增强施工人员的质量意识及操作技能水平。

（二）现场准备

1.运输路线

PC构件运输选用15 m平板车，每次运输装载总重量≤50 t，由项目规划好的路线行至场内，现场75 t汽车吊配合吊装（加固方案详见“汽车吊装地下室加固方案”）。

（1）根据施工现场的吊装计划，提前一天将次日所需型号和规格的预制构件发运至施工现场。在运输前应按清单仔细核对墙板的型号、规格、数量及是否配套。

（2）装车时先在车厢底板上铺两根100 mm×100 mm的通长木方，木方上垫15 mm以上的硬橡胶垫或其他柔性垫，根据外墙板尺寸用槽钢制作人字形支撑架，人字形架的支撑角度控制在70°～75°。然后将外墙板带外墙一面朝外斜放在木方上。墙板在人字形架两侧对称放置，每摞可叠放2～4块，板与板之间需在L/5处加垫100 mm×100 mm×100 mm的木方和橡胶垫，以防墙板在运输途中因震动而受损。

2.现场堆放

（1）预制构件进场后严格按照现场平面布置堆放构件，按计划码放在临时堆场上。临时堆放场地应设在汽车吊吊重的作业半径内。预制墙体堆放在堆放架上，预制墙板堆放架底部垫2根100 mm×100 mm通长木方，中间隔板垫木要均匀对称排放8块小方木，做到上下对齐，垫平垫实。

（2）预制构件进场后必须按照单元堆放，堆放时核对本单元预制构件数量、型号，保证单元预制构件就近堆放。

（3）预制构件堆放时，保证较重构件放在靠近方便吊装一侧。

（4）预制构件严禁多块堆码，预制楼梯堆码不允许超过4块，其他构件不允许堆码。

（5）竖向构件堆放形式。竖向构件采用立放，堆放在专门的堆放架上，均堆放在整体堆放架上，如图8-3所示。

图8-3　整体堆放架

(6)水平构件堆放形式。水平构件采取水平叠放,不同型号、尺寸构件不能叠放在一起,PC阳台板叠放2层,构件应在地面并列放置2根垫木或垫块,每层之间用垫木隔开,且堆放禁止超过6块,如图8-4所示。

图8-4　叠合板水平叠放(示意图)

(7)楼梯堆放形式。楼梯水平叠放,叠放层数不超过4层,构件应在地面并列放置2根垫木或垫块,每层之间用垫木隔开,如图8-5所示。

图8-5　楼梯水平叠放

3.PC埋件预埋和预留插筋留置

(1)上一层混凝土浇筑前,应按照PC图纸中将各层PC构件所需临时支撑和临时、永久固定埋件进行预埋,并在PC施工前检查埋件数量、规格、位置是否正确。

(2)预制竖向构件(外墙、飘窗、隔墙)均采用相同临时支撑,临时支撑埋件为M24螺栓套筒(L=75), 临时支撑连接事先在预制构件中预埋的螺栓套筒,施工前需定制专用临时支撑,在楼板相应位置提前预埋“几”字形拉钩,如图8-6和图8-7所示。

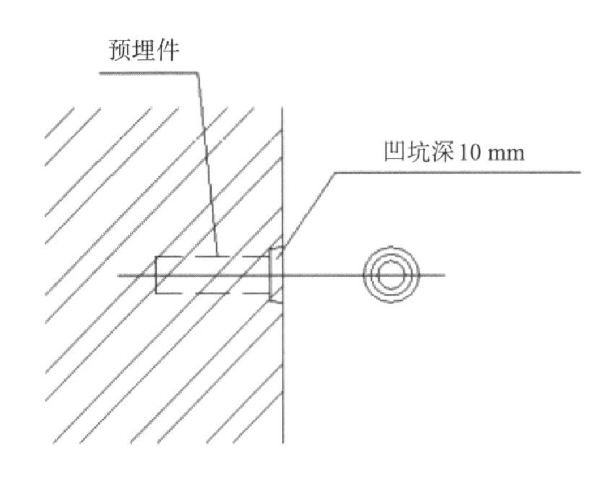

图8-6 支撑竖向预埋节点

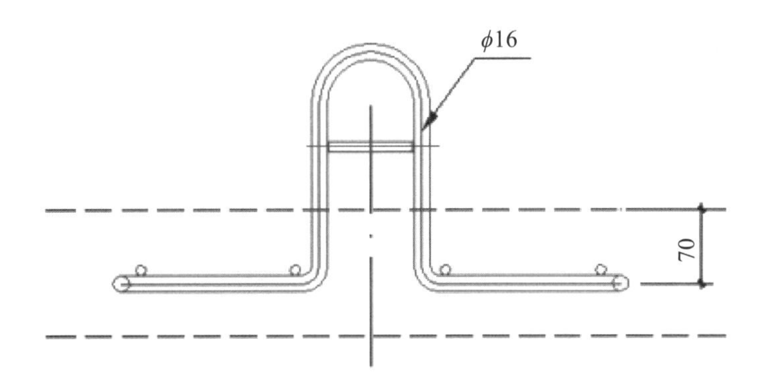

图8-7 支撑水平预埋节点

(3)预制构件与现浇结构连接方式。现浇与预制水平拼缝大样,如图8-8所示。预制外墙板与一字墙连接详图,如图8-9所示。预制构件与丁字墙连接详图,如图8-10所示。

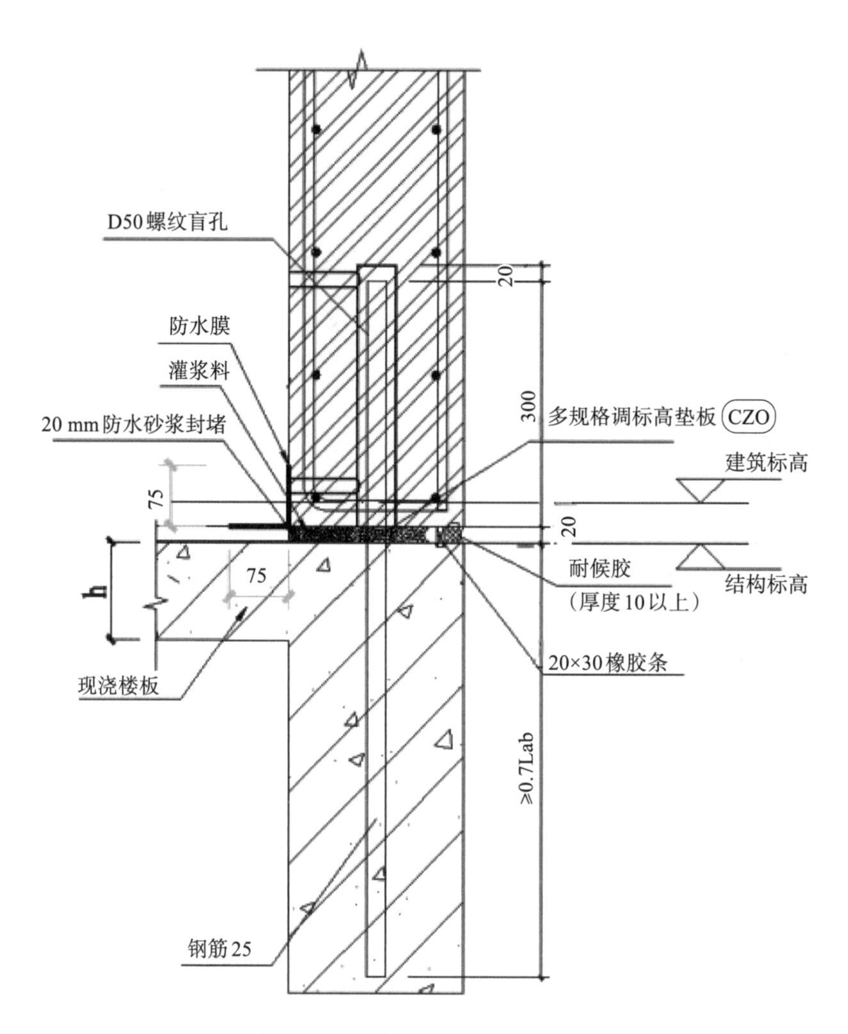

图8-8　现浇与预制水平拼缝大样

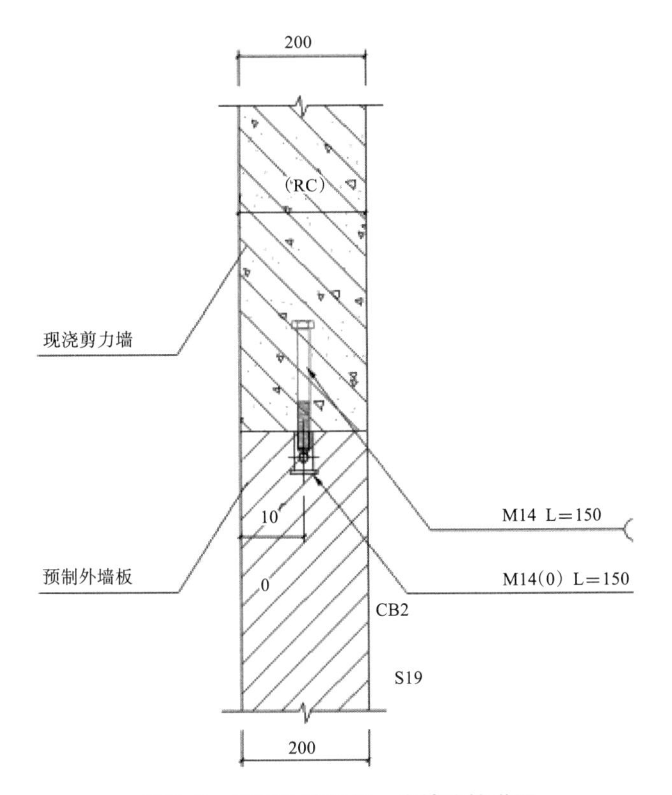

图 8-9 预制外墙板与一字墙连接详图

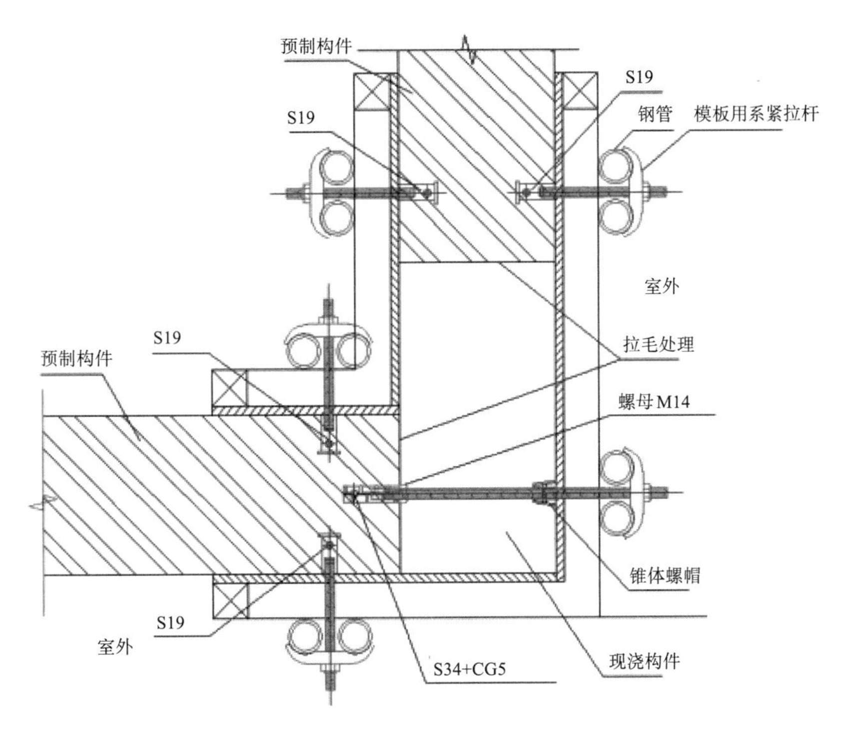

图 8-10 预制构件与丁字墙连接详图

(4)预制构件与施工电梯连接方式。提前在PC构件预埋ϕ40 mm PVC套管在爬架机位相应位置,如图8-11所示。

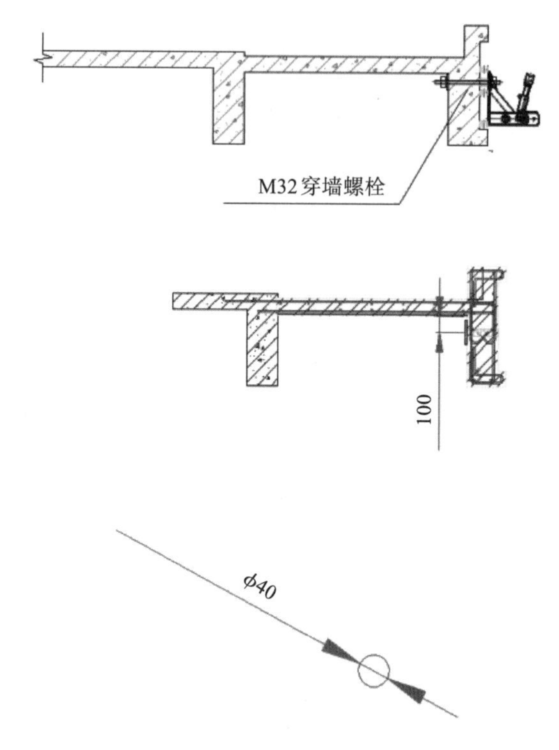

图8-11 PC构件预埋ϕ40 mm PVC套管在爬架机位相应位置

(5)预制构件与机电管线预埋、预留要规范。

五、PC构件吊装施工

(一)施工顺序

施工吊装由远及近,现浇节点具备钢筋安装及绑扎条件时,即刻进行钢筋绑扎及安装,安装顺序自西向东。先吊装水平构件,再吊装竖向构件。

(二)施工工艺

1.吊装施工注意点

(1)吊点垂直受力。严禁在横梁和构件间采用三角方式吊装。

(2)在PC板校正过程中,板内斜撑杆以一根调整垂直度为准,待校正完毕后再紧固另一根,不可两根均在紧固状态下进行调整。

(3)每块PC构件吊装稳固后,均需测量水平与垂直度偏差,且要在允许范围内。遇需调整时应松开相关紧固件,严禁蛮力矫正。

(4)若PC板的连接钢筋因妨碍施工被临时弯曲时,在该道工序结束后应立即恢复原功能,以保证结构安全。

(5)按"楼板埋件分布图"要求,在预制构件首层现浇地坪上,准确预埋PC板安装用、下端固定用金属连接件。

(6)构件吊装前,应对构件和已完成构件的交接面进行粗糙处理或标高核实。剪力墙、柱下的粗凿面凹凸不应小于6 mm。交接面的浮浆和杂物应清理干净后才能进行此位置的构件安装。

2.预制剪力墙吊装施工工艺流程

预制剪力墙吊装施工工艺流程,如图8-12所示。

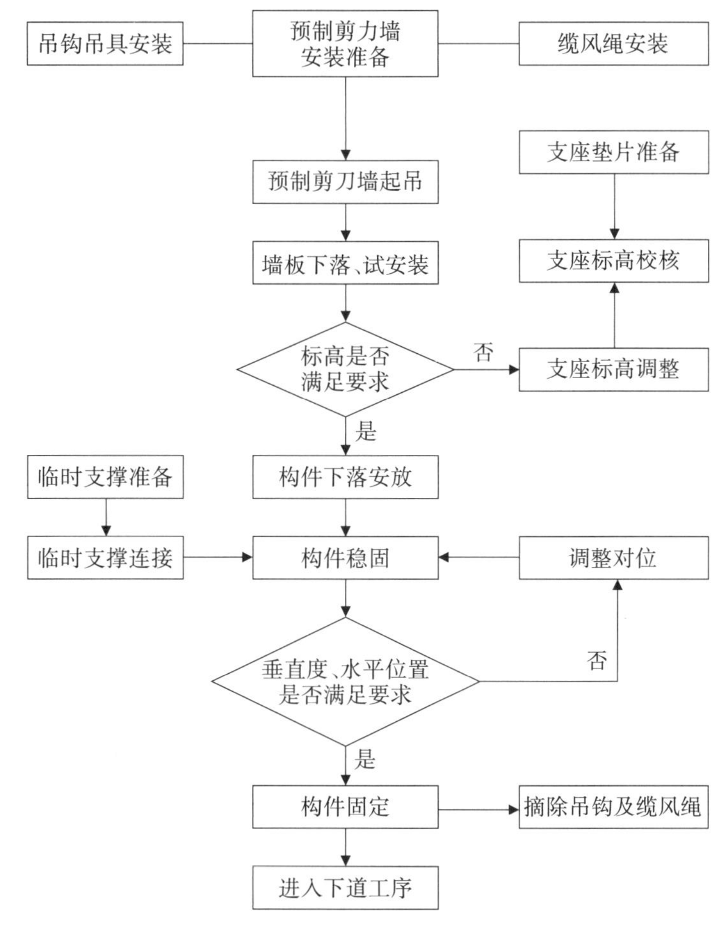

图8-12 预制剪力墙吊装施工工艺流程

3.起吊前准备

预制构件采用汽车吊进行吊装。构件吊装之前,应针对吊装作业、就位与临时支撑等进行充分的准备,确保吊装施工顺利进行。

(1)起吊准备

根据构件吊装计划及构件进场资料定位所需吊装构件,检查构件预制时间及质量合格文件,确认构件无误及构件强度满足规范规定的吊装要求。确认无误后,安装吊具,并在构件上安装缆风绳,方便构件就位时牵引与姿态调整。

①提前在构件上放好控制线。

②确认汽车吊起吊重量与吊装距离满足吊装需求;核实现场环境、天气、道路状况等是否满足吊装施工要求。

③成立专业小组,进行安全教育与技术交底;确保各个作业面达到安全作业条件;确保汽车吊、钢丝绳、卡环、锁扣、外架、安全用电、防风措施等达到安全作业条件;检查复核吊装设备及吊具处于安全操作状态。

④检查构件内预埋的吊环或其他类型吊装预埋件是否完好无损,规格、型号、位置是否正确无误。起吊前应先试吊,将构件吊离地面约50 cm,静置一段时间确保安全后再行吊装。

⑤对较重构件、开口构件、开洞构件、异形构件及其他设计要求的构件,应进行吊装过程受力分析,包括翻身过程、起吊过程、临时支撑状态等多种工况,对其中受力不利状态进行加固补强,避免吊装过程中构件破坏或者出现其他安全事故。

⑥装配式结构施工前,应选择有代表性的单元进行预制构件试安装,并根据试安装结果及时调整完善施工方案和施工工艺。

(2)就位与临时支撑准备

①核对已完成预制构件的混凝土强度及预制构件和配件的型号、规格、数量等是否符合设计要求。

②检查墙板构件套筒,检查预留孔的规格、位置、数量和深度;检查被连接钢筋的规格、数量、位置和长度;当套筒、预留孔内有杂物时,应清理干净;当连接钢筋倾斜时,应进行校直;连接钢筋偏离套筒或孔洞中心线不宜超过5 mm。

③测量放线,设置构件安装定位标志;校核现场预留钢筋的平面间距、长度等;并须确认现浇构件的强度已达设计要求。测量放线包括在预制墙板室内侧画出100 cm标高线及2条纵向定位线;在楼板上画出对应于预制墙板的纵向定位线和横向定位线。

④检查临时支撑埋件套筒,如有杂物应及时清理干净;检查楼板面临时支撑埋件是否已安装到位;确认楼板混凝土强度达到设计要求;预先在墙板上安装临时支撑连接件。

⑤检查临时支撑的规格、型号、数量是否满足施工要求,调节部件灵活可调且紧固后牢固可靠,检查可调斜撑的调节量程是否满足施工要求;检查连接件规格、数量等是否满

足施工要求。

⑥应备好可调节接缝厚度和底部标高的垫块。底部标高垫块宜采用钢质垫片或硬橡胶垫片,厚度采用1 mm、2 mm、5 mm、10 mm的组合。

4.预制墙板吊装(包括飘窗板)

墙板构件吊装应根据吊点设置位置在铁扁担上采用合适的起吊点。用吊装连接件将钢丝绳与墙板预埋吊点连接,起吊至距地面约50 cm处时静停,检查构件状态且确认吊绳、吊具安装连接无误后方可继续起吊,起吊要求缓慢匀速,保证预制墙板边缘不被破坏。墙板模数化吊装梁吊装示意图,如图8-13所示。

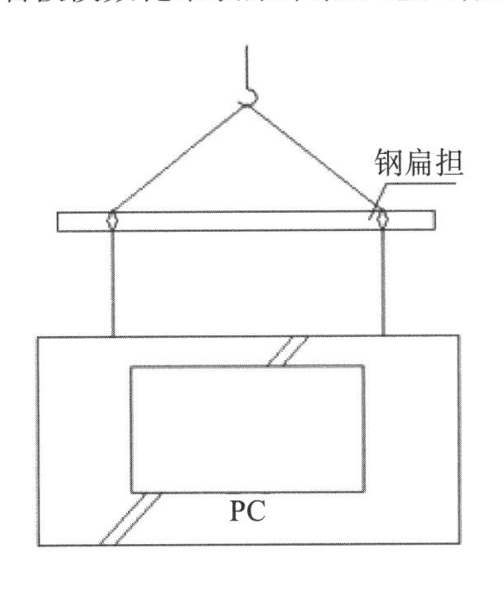

(a)吊装示意图

(b)钢扁担示意图

图8-13 墙板模数化吊装梁吊装示意图

构件距离安装面约100 mm时应慢速调整,安装人员应使用搭钩将溜绳拉回,用缆风绳将墙板构件拉住使构件缓速降落至安装位置;构件距离楼地面约300 mm时,应由安装人员辅助轻推构件根据定位线进行初步定位;楼地面预留插筋与构件灌浆套筒应逐根对准,待插筋全部准确插入套筒后缓慢降下构件。墙板吊装示意图,如图8-14所示。

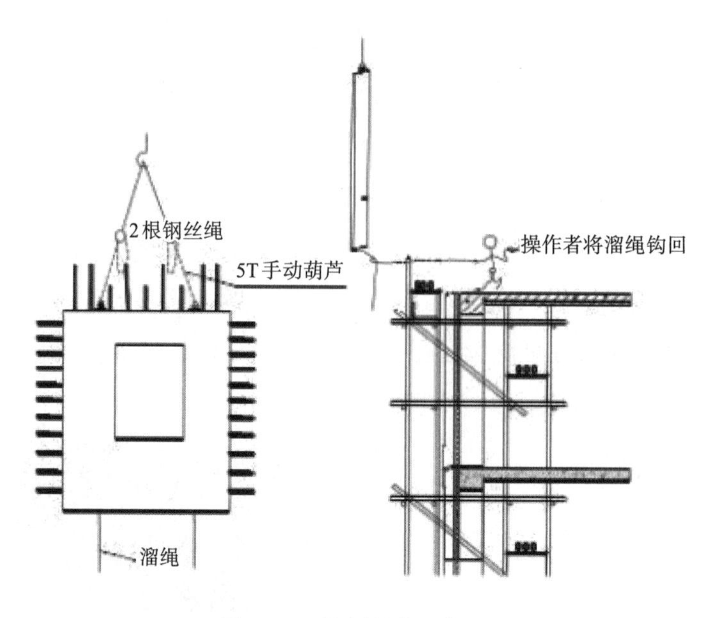

图8-14　墙板吊装示意图

5. 安装临时支撑

预制墙板构件安装时的临时支撑体系，主要包括可调节式支撑杆、端部连接件、连接螺栓、预埋螺栓等几部分。

墙板构件的临时支撑不宜少于2道，每道支撑由上部的长斜支撑杆与下部的短斜支撑杆组成。上部斜支撑的支撑点距离板底不宜小于板高的2/3，且不应小于板高的1/2，具体根据设计给定的支撑点确定。具体情况，如图8-15所示。

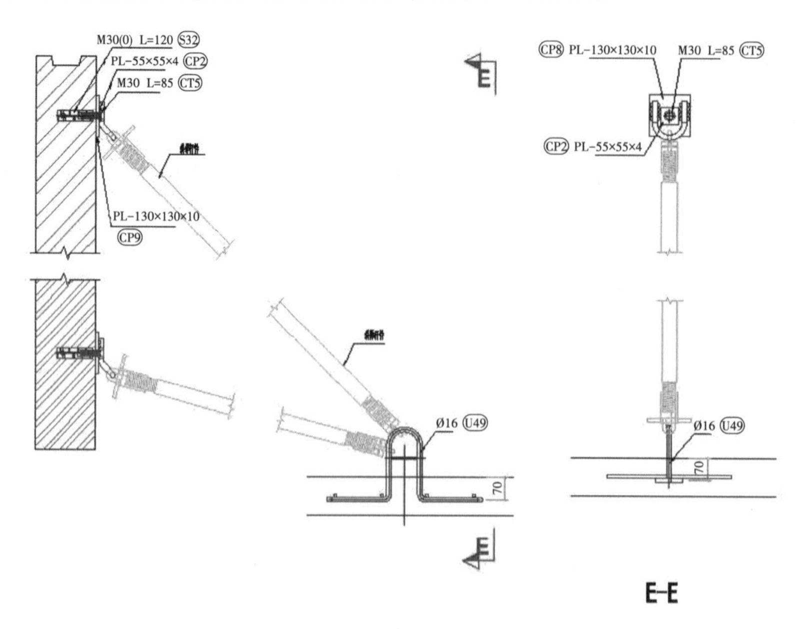

图8-15　预制墙板斜支撑示意图

墙体斜支撑的安装分为连接件安装、支撑杆安装和支撑紧固。

连接件安装在构件吊装之前进行。墙板上的连接件选用马蹄型连接件,其由一块钢板及一个铁环焊接而成(马蹄型连接件,如图8-16所示),通过M20螺栓和一块钢制垫片与预制墙板连接,楼板上的连接件选用T型连接件,其由ϕ16和ϕ10的圆钢焊接而成,板内由ϕ10钢筋绑扎固定(T型连接件,如图8-17所示)。

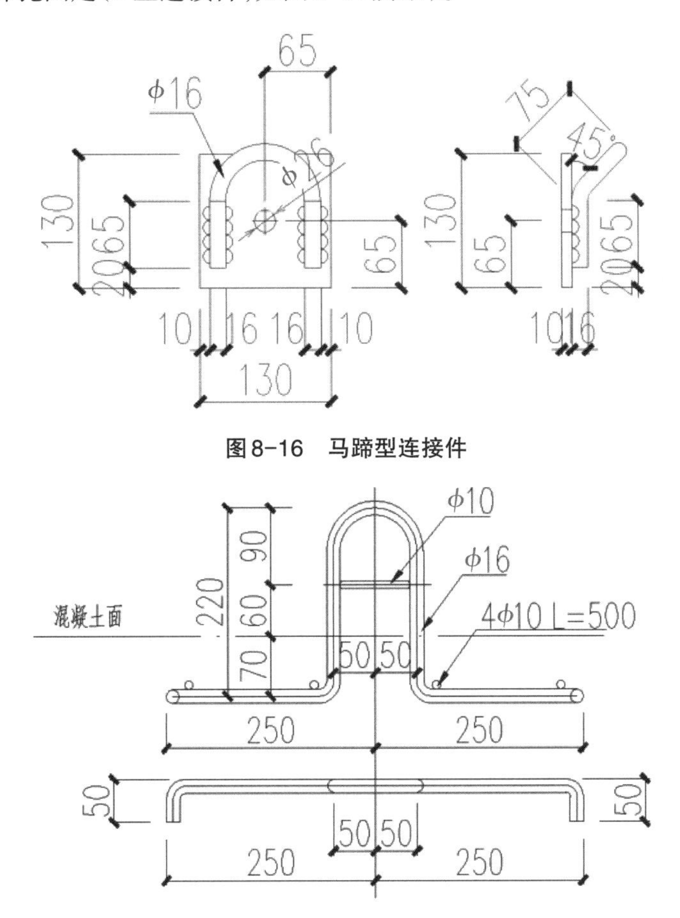

图8-16 马蹄型连接件

图8-17 T型连接件

6.墙体安装精度调节

墙体的标高调整应在吊装过程中墙体就位时完成,主要通过将墙体吊起后调整垫片厚度进行。

墙体的水平位置与垂直度通过斜支撑调整。一般斜支撑的可调节长度为±100 mm。调节时,以预先弹出的控制线为准,先进行水平位置的调整,再进行垂直度的调整。预制墙板安装精确调节用斜支撑,如图8-18所示。

墙板安装精确调节措施如下。

(1)在墙板平面内,通过楼板面弹线进行平面内水平位置校正调节。若平面内水平位置有偏差,可在楼板上锚入钢筋,使用小型千斤顶在墙板侧面进行微调。

(2)在垂直于墙板平面方向,可利用墙板下部短斜支撑杆进行微调控制墙板水平位置,当墙板边缘与弹线重合停止微调。

(3)墙板水平位置调节完毕后,通过对墙板上部长斜支撑杆的长度调整进行墙板垂直度控制。

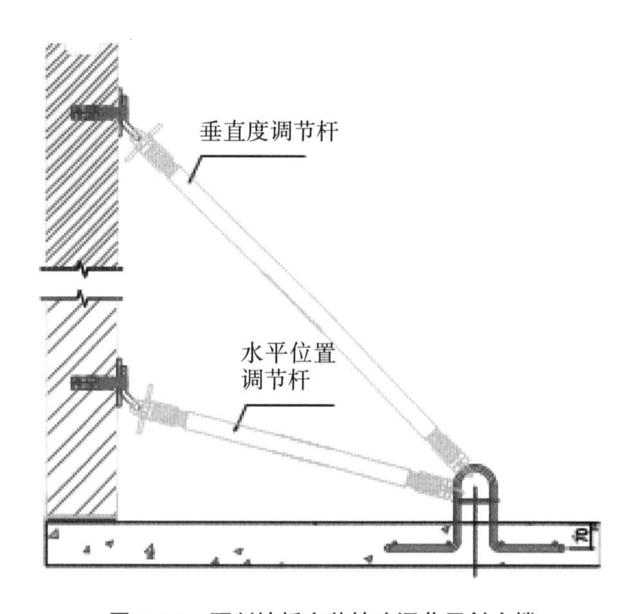

图8-18 预制墙板安装精确调节用斜支撑

7.转换层连接钢筋定位

装配式建筑在设计时存在下部结构现浇、上部结构预制的情况。在现浇与预制转换的楼层,即装配施工首层,下部现浇结构预留钢筋的定位是对装配式建筑施工质量至关重要的环节,本工程从第1层开始吊装。

首层连接钢筋的定位施工流程,如图8-19所示。

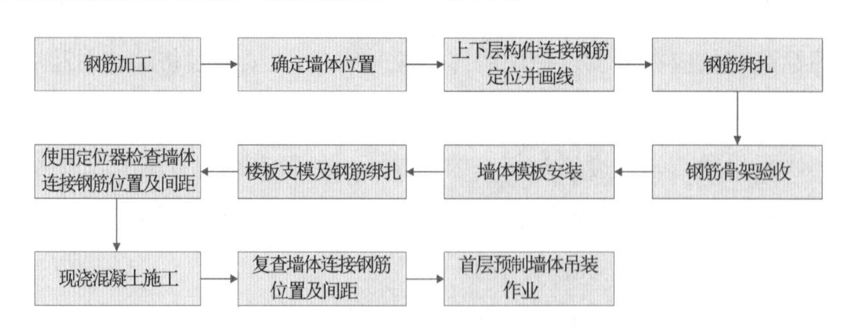

图8-19 首层连接钢筋定位施工流程

具体操作的技术措施为：

(1)转换层连接钢筋的加工，应按照高精度要求进行作业。为保证首层预制构件的就位能够顺利进行，转换层连接钢筋应做到定位准确、加工精良、无弯折、无毛刺、长度满足设计要求。

(2)绑扎钢筋骨架时，应注意与首层预制构件连接的钢筋的位置。根据图纸对连接钢筋进行初步定位并画线确定；在钢筋绑扎时应注意修正连接钢筋的垂直度。

(3)钢筋绑扎结束后，对钢筋骨架进行验收。一方面，按照现浇结构钢筋骨架验收内容进行相应的检查与验收；另一方面，检查连接钢筋的级别、直径、位置与甩出长度。

(4)按现浇结构要求进行墙板模板支设，并进行转换层楼板模板支设及绑紧绑扎作业。

(5)用钢筋定位器复核连接钢筋的位置、间距及钢筋整体是否有偏移或扭转现象。如有不满足设计要求的偏位或扭转，应及时进行修正。钢筋定位器采用与预制墙体等长、等宽钢板制成，按照首层预制墙体底面套筒位置与直径在钢板上开孔，其加工精度应达到预制墙板底面模板精度。在套筒开孔位置之外，应另行开设直径较大的孔洞，一方面可供振捣棒插入进行混凝土振捣；另一方面，也可减轻定位器重量，方便操作。钢板厚度及开孔数量、大小应保证使定位器不发生变形，避免导致定位器失效，一般情况下可取厚度6 mm、孔洞直径100 mm。

(6)钢筋定位器套筒位置，开孔处可安装内径与套筒内径相同的钢套管，用以检测连接钢筋是否有倾斜，并可模拟首层构件就位时套筒与连接钢筋的位置关系。钢套管的长度建议取为连接钢筋插入套筒的长度，可方便检测连接钢筋甩筋长度是否满足设计要求。钢筋定位器的使用，如图8-20所示。

(7)连接钢筋位置检查合格后，应由项目总工程师、质量负责人、生产负责人等验收签字，而后方可进行现浇混凝土作业。

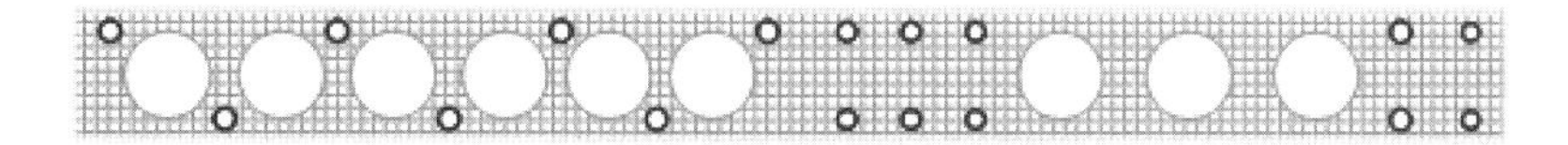

(a)钢筋定位器平面图

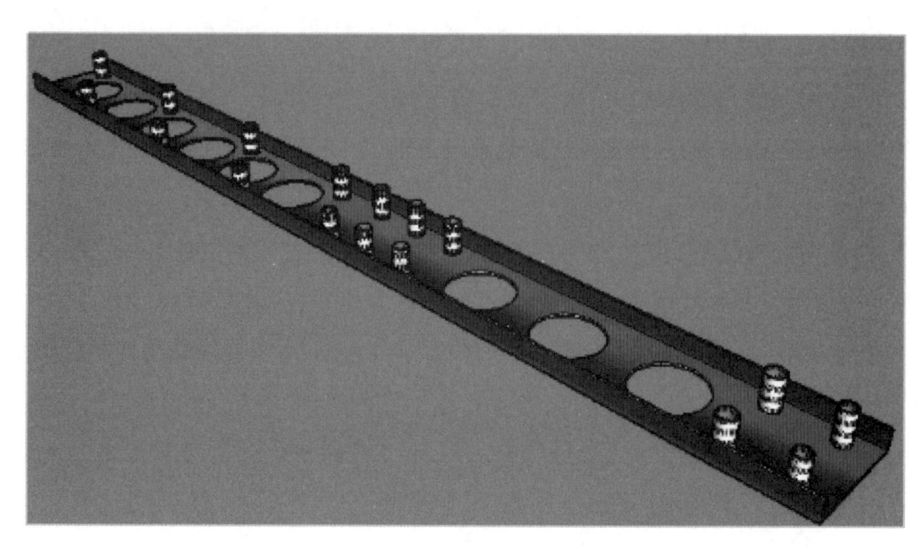

(b)钢筋定位器效果图

(c)钢筋定位器现场效果图

图8-20 钢筋定位器的使用

8.竖向构件连接节点

预制竖向构件与现浇结构注浆孔,如图8-21所示。预制竖向构件预留插筋,如图8-22所示。竖向结构防水构造节点,如图8-23所示。

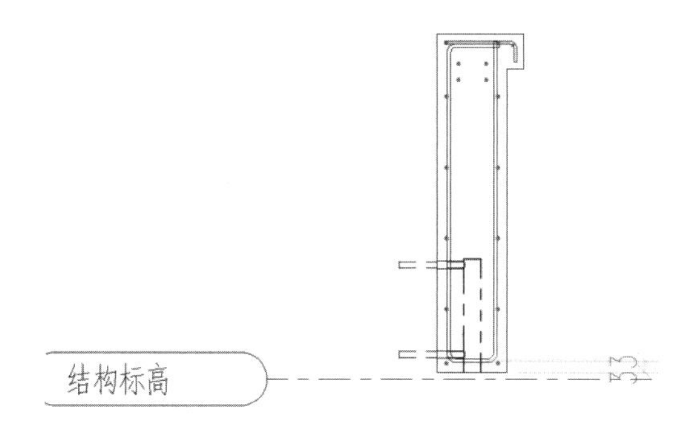

图8-21 预制竖向构件与现浇结构注浆孔

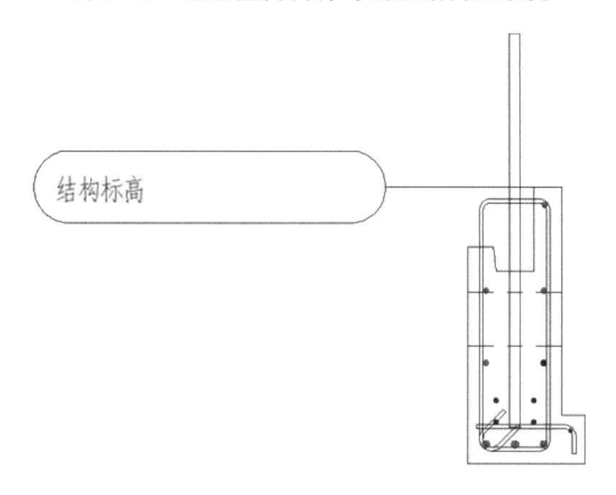

图8-22 预制竖向构件预留插筋

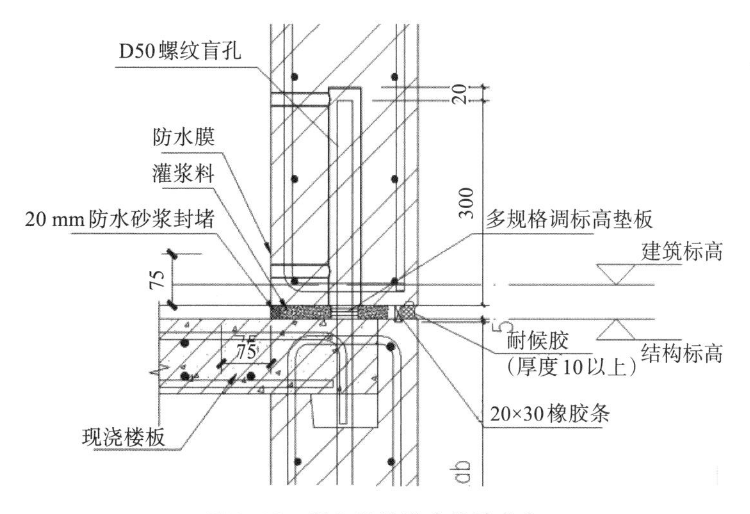

图8-23 竖向结构防水构造节点

9.阳台板安装

本工程各楼栋PC阳台板仅分布在南侧,因预留出筋与现浇板同时浇筑,阳台板吊装后需临时采用搁架进行支撑、调平。

(1)施工工艺

阳台板安装施工工艺流程,如图8-24所示。

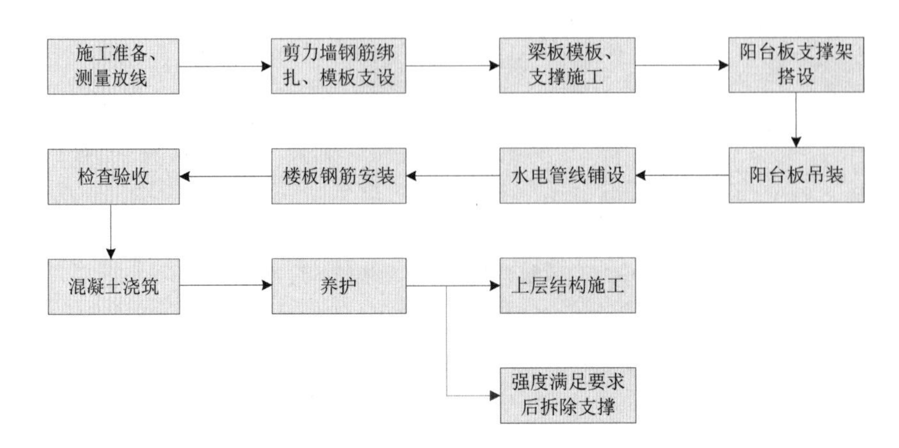

图8-24 阳台板安装施工工艺流程

(2)施工准备

支撑体系搭设:

①阳台板支撑体系采用扣件式支撑体系,详见支撑图,安装阳台板前用U托将支撑龙骨调至标高位置处,如图8-25所示。

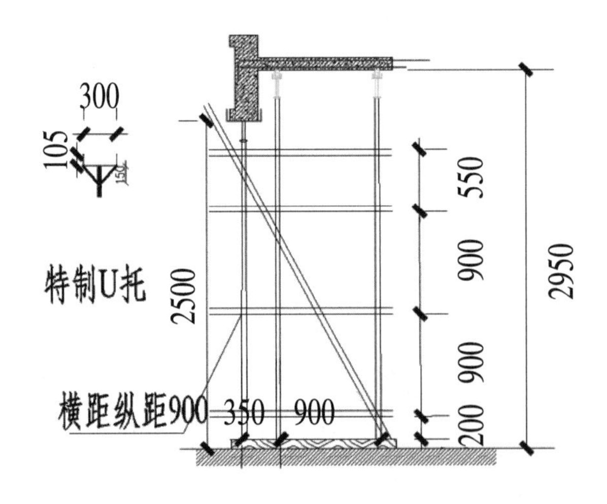

图8-25 阳台构件支撑图

②阳台板与现浇板交界处贴海绵条,保证阳台板与现浇板交界处观感质量。

(3)阳台板吊装

①阳台板吊装过程中,在作业层上空300 mm处略作停顿,根据阳台板位置调整阳台板方向进行定位。吊装过程中,应注意避免阳台板上的预留钢筋与墙体的竖向钢筋碰撞,阳台板停稳慢放,以免吊装放置时冲击力过大导致板面损坏。

②阳台板就位校正时，采用楔形小木块嵌入调整，不得直接使用撬棍调整，以免出现板边损坏。

③现浇板板面按深化设计图要求布设机电管线，确保与PC阳台板预留管线接口位置一一对应。

④阳台板吊装完毕后，板的下边缘不应该与现浇板底面出现高低不平的情况，也不应出现空隙，局部无法调整的支座处出现的空隙应做封堵处理；支撑可调U型撑托做适当调整，使板的底面保持平整，无缝隙。其安装示意图，如图8-26所示。

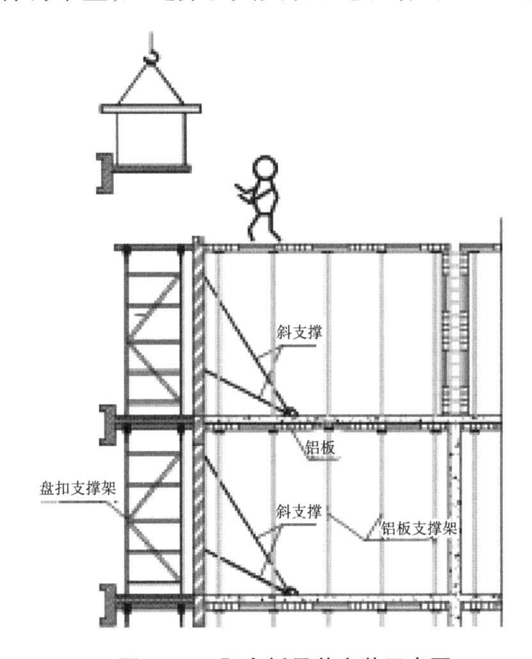

图8-26 阳台板吊装安装示意图

(4)全灌浆套筒安装

竖向构件安装完成，支撑架体调试完成，开始吊装水平阳台构件。

①吊装时需注意套筒拼接安装点位，检测套筒位置是否有异物堵塞，做到及时清理。

②阳台构建吊装调试完成，及时报验监理，验收合格方可灌浆施工。

③在注浆孔四周粘贴海绵体，防止漏浆。

10.叠合板安装

(1)工艺流程

叠合楼板施工工艺流程，如图8-27所示。

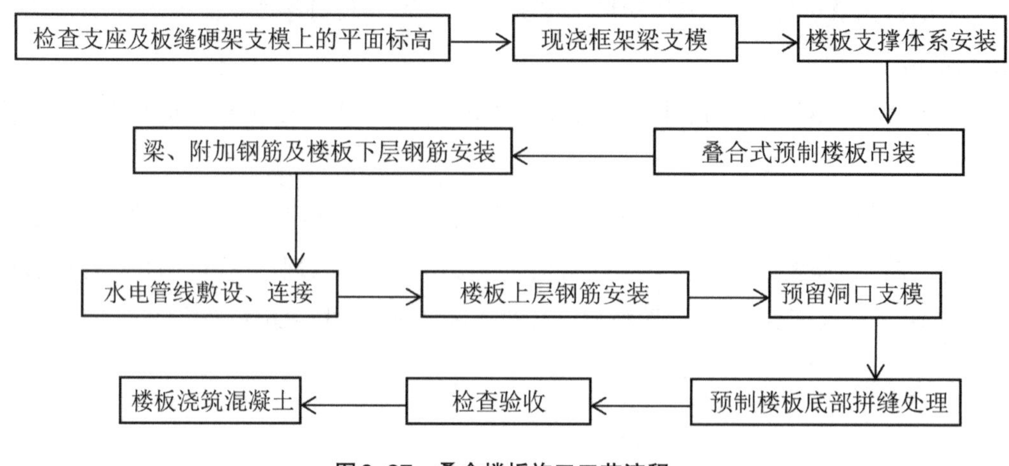

图8-27 叠合楼板施工工艺流程

(2)安装要点

①检查叠合板的编号、预留孔洞、接线盒位置及数量,叠合板搁置的方向。

预留孔洞及预埋件允许偏差及检验方法,如表8-3所示。

表8-3 预留孔洞及预埋件允许偏差及检验方法

检测项目		允许偏差/mm	检验方法
预留孔	中心线位置	5	尺量检查
	孔尺寸	±5	
预留洞	中心线位置	10	
	洞口尺寸、深度	±10	
预埋件	预埋件锚板与砼面平面高差	0,-5	
	线盒、电盒、吊环在构件平面的中心线偏差	20	
	预埋件锚板中心线位置	5	
	线盒、电盒、吊环与构件表面砼高差	0,-10	

②检查支座及板缝硬架支模上的平面标高。用测量仪器从两个不同的观测点上测量墙、梁及硬架支模的水平楞的顶面标高。复核墙板的轴线,并校正,对偏差部位进行切割、剔凿或修补,以满足构件安装要求。

③叠合板支撑体系安装。叠合板支撑采用满堂承插式钢管脚手架,承插钢管ϕ48×3.0+可调顶撑,横肋采用方钢;根据规范要求,本工程立杆横纵间距1200 mm,扫地杆距楼地面≤200 mm,并拉通,水平杆步距1500 mm;立杆距结构边≤500 mm;在同一房间内横肋拉通布置。

当叠合层混凝土强度达到设计强度的75%时,可拆除两端支撑;待叠合层混凝土浇筑完毕，砼达到100%强度后，方可拆除下一层的全部支撑。其具体情况，如图8-28所示。

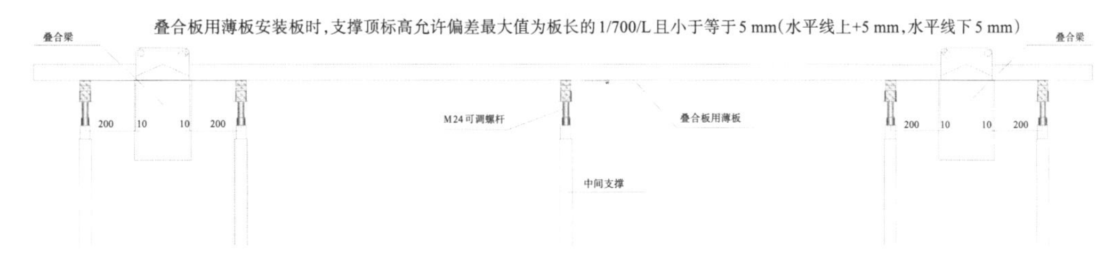

图8-28 折叠合板支撑条件

质量要求：

①预制叠合板的几何尺寸，安装位置偏差应符合《预制预应力混凝土装配整体式框架结构技术规程》(JGJ 224—2010)中的有关要求。

②预制叠合板的外观尺寸、结构性能及后浇层混凝土施工质量应符合《混凝土结构工程施工质量验收规范》(GB 50204—2015)中的有关要求。

③预制叠合板安装时应符合有关规范的规定。

④预制叠合板在运输、堆放、安装过程中应采取有效的成品保护措施。

预制板成品尺寸允许的偏差，如表8-4所示。

表8-4 预制板成品尺寸允许偏差

项目		允许偏差/mm	检验方法
长度	板	±5	用钢尺检查
宽度	板	0，-5	用钢尺量一端及中部，取其中较大值
高(厚)度	板	+2，-3	
侧向弯曲	板	L/1000且≤15	拉线、钢尺量最大侧向弯曲处
对角线差	板	7	用钢尺量两个对角线
表面平整度	板	3	用2 m靠尺和塞尺检查
翘曲	板	L/1500	用调平尺在两端量测
相邻两板表面高低差		1	用水平仪检测

11.楼梯安装

本工程预制楼梯与现浇楼梯梁之间通过预留筋+灌浆进行连接，具体如图8-29和图8-30所示。

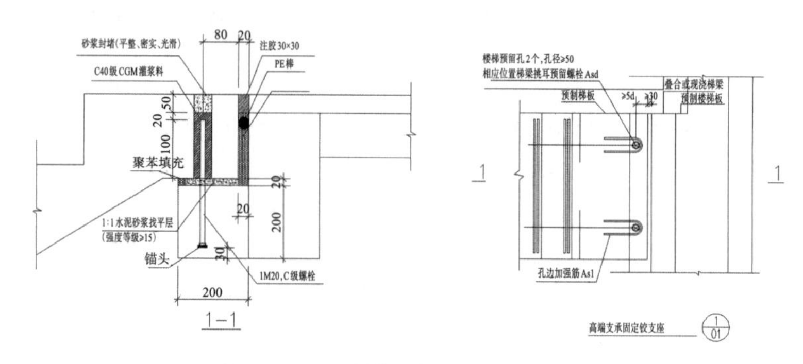

图8-29　楼梯安装上端连接节点

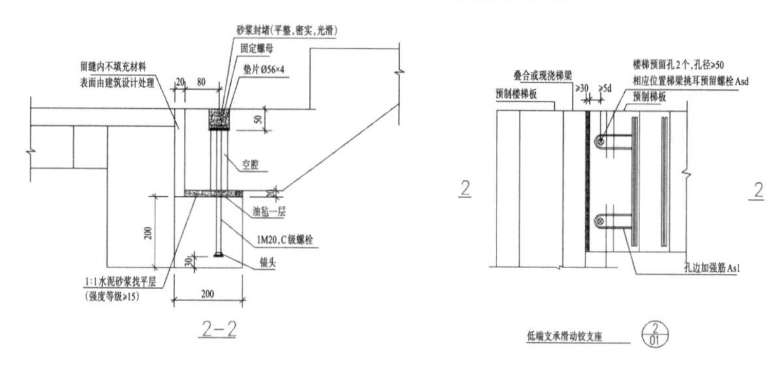

图8-30　楼梯安装下端连接节点

(1)施工工艺

预制楼梯安装施工流程,如图8-31所示。

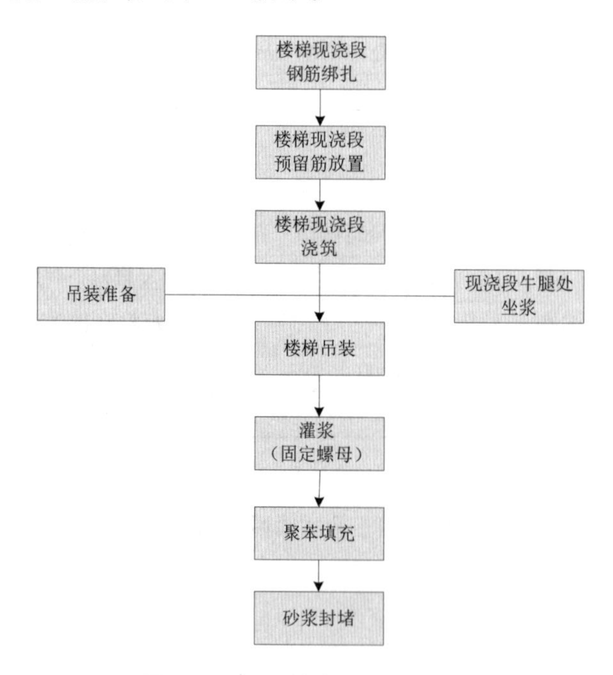

图8-31　预制楼梯安装施工流程

(2)楼梯吊装

预制楼梯板采用水平吊装,用螺栓将通用吊耳与楼梯板预埋吊装内螺母连接,起吊前检查卸扣卡环,确认牢固后方可继续缓慢起吊,如图8-32所示。

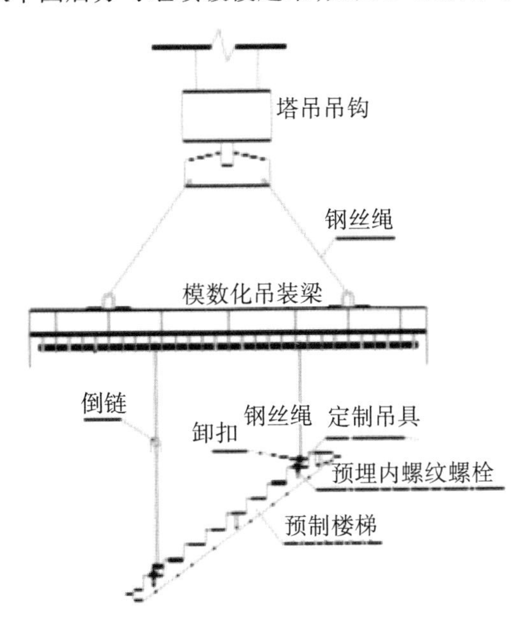

图8-32 预制楼梯板吊装

(3)施工要点

①待楼梯板吊装至作业面上500 mm处略作停顿,根据楼梯板方向调整,就位时要求缓慢操作,不应快速猛放,以免造成楼梯板震折损坏。

②楼梯板基本就位后,根据控制线,利用撬棍微调,校正。

③楼梯段校正完毕后,将梯段预埋件与结构预埋件焊接固定。

④楼梯板焊接固定后,在预制楼梯板与休息平台连接部位采用砂浆料进行灌浆,灌浆要求从楼梯板的一侧向另外一侧灌注,待灌浆料从另一侧溢出后表示灌满。

12.**灌浆施工**

(1)灌浆施工操作要求

灌浆料必须有产品检验合格报告及出厂合格证,使用说明书,灌浆料强度等级为85 MPa。

施工时首先要根据灌浆料使用说明,安排专人定量取料、定量加水进行搅拌,搅拌好的混合料必须在30 min内注入套筒。

当灌浆仓大于1.5 m时,需对灌浆仓进行分仓,分仓使用坐浆料或者高强砂浆。本工程最大预制构件边长为5.2 m,分仓如图8-33所示。

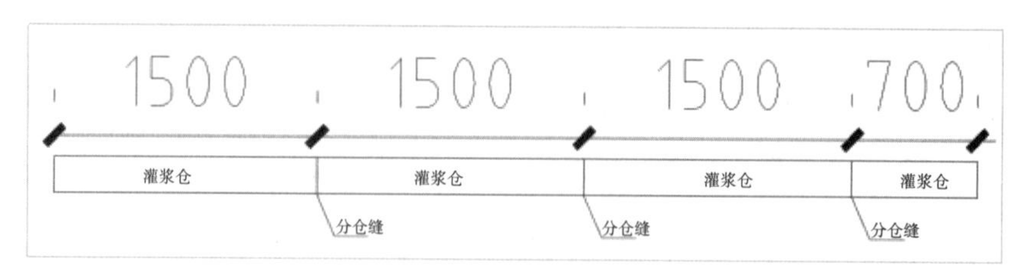

图8-33 分仓

有螺纹盲孔插筋处在上层PC板吊装前，套入20 mm×30 mm橡橡胶垫。

灌浆前应检查螺纹盲孔内是否阻塞或者有杂物。

灌浆时由下孔灌入，上孔冒浆即为灌满，及时用皮塞塞紧。

(2)项目采用半灌浆套筒

构件生产前进行钢筋套筒灌浆连接接头的抗拉强度试验，每种规格的连接接头试件数量不应少于3个。

半灌浆连接通常是上端钢筋采用直螺纹、下端钢筋通过灌浆料与灌浆套筒进行连接。一般用于预制剪力墙、框架柱主筋连接，所用套筒为GT/CT系列灌浆直螺纹连接套筒，简称灌浆套筒，具体情况如图8-34所示。

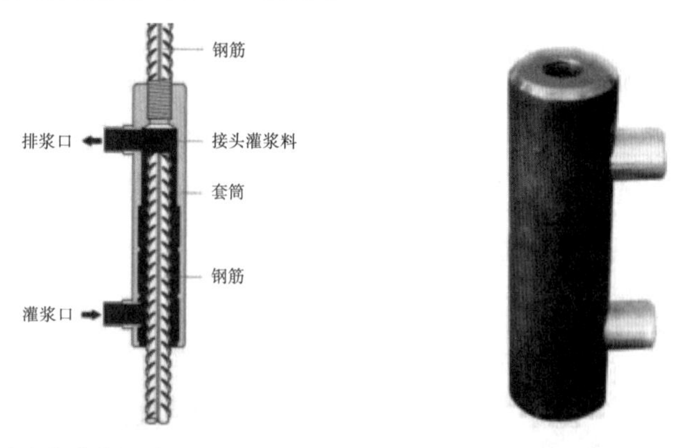

(a)半灌浆连接　　(b)GT/CT型套筒

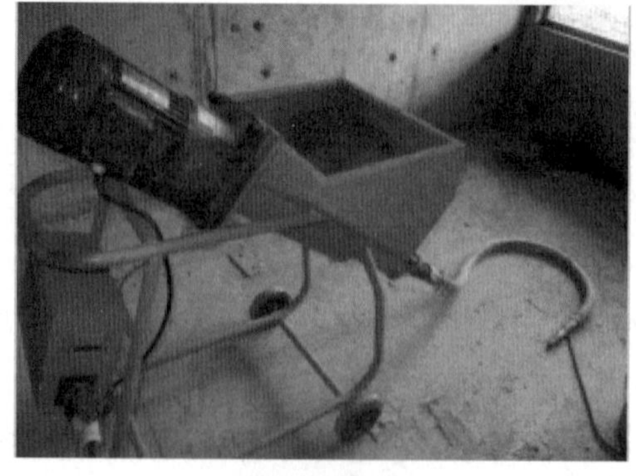

(c)灌浆机器

图8-34 灌浆套筒

(3)灌浆工艺

灌浆流程,如图8-35所示。

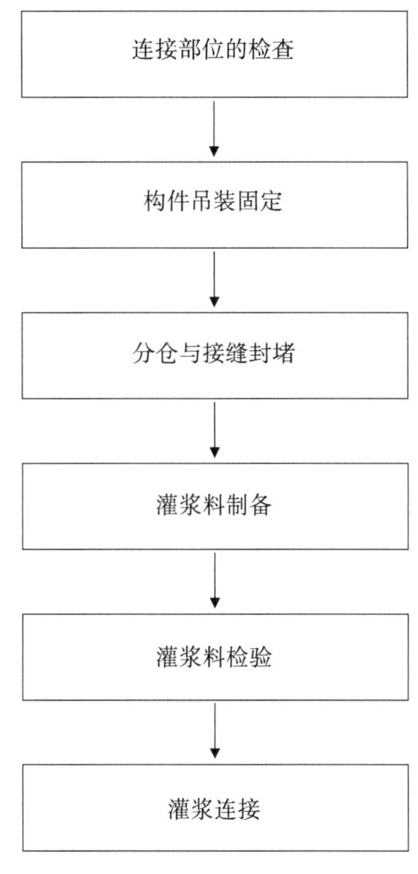

图8-35 灌浆流程

(4)灌浆施工注意事项

泵送钢筋接头灌浆料可在5 ℃~40 ℃下使用。灌浆时,浆体温度应在5 ℃~30 ℃范围内。灌浆时及灌浆后48 h内,施工部位及环境温度不应低于5 ℃。如环境温度低于5 ℃时,需要加热养护;低温施工时应单独制定低温施工方案。

搅拌完的砂浆随停放时间延长,其流动性降低。如果拌好后没有及时使用,停放时间过长,需要再次搅拌恢复其流动性后才能使用。正常情况自加水算起应尽可能在30 min内灌完。

如果一个构件连接的接头一次需要的灌浆料用量较多(超过一袋20 kg时),应计算灌浆泵工作效率,考虑分次搅拌、灌浆,否则会因搅拌、灌注时间过长,浆体流动度下降而造成灌浆失败。

严禁在接头灌浆料中加入任何外加剂或外掺剂。

现场同期试块检验。为指导拆模及控制扰动,可在灌浆时用三联强度模做同期试块。制作好的试块要在接头(构件现场)实际环境温度下放置,并必须密封保存(与接头内灌浆料类似条件)。

六、PC构件施工质量控制

(一)PC构件进场前验收

1.构件厂验收

构件厂验收内容包含五个方面:模具、制作材料(水泥、钢筋、砂、石、外加剂等);成品后,预制构件验收包括外观质量、几何尺寸,要求逐块检查(构件厂验收由构件厂自行组织)。

2.现场验收

预制构件现场验收内容为进场后的构件观感质量和几何尺寸、成品构件的产品合格证和有关资料。构件图纸编号与实际构件的一致性检查。对预制构件在明显部位标明的生产日期、构件型号、生产单位和构件生产单位验收标志进行检查。对构件上的预埋件、插筋、预留洞的规格、位置和数量是否符合设计图纸的标准进行检查,构件进场验收表如表8-5所示。

表8-5　构件进场验收表

分类	序号	验收项目		允许偏差/mm	检验方法
土建	1	预制构件合格证及验收记录		资料齐全	查验资料
	2	窗口		各层连接紧密	目测及用尺量
	3	长度	楼板	±5	用尺量
			墙板	±4	
	4	宽度、高(厚)度	楼板	±4	用尺量一端及中部,取其中偏差绝对值较大处
			墙板	±4	
	5	表面平整度		3	用2 m靠尺和塞尺量测
	6	侧向弯曲	楼板	L/750,且≤20	拉线、直尺量测最大侧向弯曲处
			墙板	L/1000,且≤20	
	7	翘曲	楼板	L/750	用调平尺在两端量测
			墙板	L/1000	
	8	对角线	楼板	10	用尺量两个对角线
			墙板	5	

续表

分类	序号	验收项目		允许偏差/mm	检验方法
	9	预留孔	中心线位置	5	用尺量
			孔尺寸	±5	
土建	10	预留洞	中心线位置	10	
			洞口尺寸、深度	±10	用尺量
	11	预埋件	预埋板中心线位置	5	用尺量
			预埋板与混凝土面平面高差	0,-5	
			预埋螺栓	2	
			预埋螺栓外露长度	10,-5	
			预埋套筒、螺母中心线位置	2	
			预埋套筒、螺母与混凝土平面高差	±5	
	12	预留插筋	中心线位置	5	用尺量
			外露长度	±10,-5	
	13	键槽	中心线位置	5	用尺量
			长度、宽度	±5	
			深度	±10	
	14	水洗面		深度≥6	用尺量
	15	表面标示			
安装	16	线盒		标高、坐标准确,整洁无异物	用尺量
	17	线管		通畅,无直角弯头	目测

(二)PC构件安装质量控制

1.预制构件安装完成后,其外观质量不应有一般缺陷。

检查数量:全数检查。

检验方法:观察;检查处理记录。

2.预制构件安装的允许偏差、连接部位现浇混凝土表面平整度应符合表8-6的要求。

表8-6 预制构件质量控制

检查项目		允许偏差/mm	检验方法
构件轴线位置	竖向构件(柱、墙板)	5	用经纬仪及尺量
	水平构件(梁、楼板)	8	
标高	梁、板底面或顶面	±5	用水准仪测量
	柱、墙板顶面	±3	

检查项目			允许偏差/mm	检验方法
构件垂直度	构件高度	≤6m	5	用经纬仪或吊线
		>6m	L/500且≤10	
构件倾斜度	梁		5	用经纬仪或吊线
相邻构件平整度	梁、楼板底面	外露	3	用2 m靠尺和塞尺检查
		不外露	5	
	柱、墙板表面	外露	5	
		不外露	8	
构件搁置长度	楼板		±5	用尺量
	梁		±10	
外墙板板缝	板缝宽度		±5	拉线及尺量
	通常缝直线度		5	
	接缝高差		3	

3. 预制构件安装允许偏差，见表8-6。

检查数量：全数检查。

检验方法：测量。

七、钢丝绳验算

吊绳计算书计算依据：

(1)《建筑施工起重吊装安全技术规范》(JGJ 276—2012)。

(2)《建筑施工计算手册》。

(3)《建筑材料规范大全》。

1. 白棕绳(麻绳)的容许应力，可按下式计算：

$[F_Z]=F_Z/K$

其中：$[F_Z]$——白棕绳(麻绳，下同)的容许拉力；

F_Z——白棕绳的破断拉力，取F_Z=16.30 kN；

K——白棕绳的安全系数，取K=8.00。

经计算得$[F_Z]$=16.30/8.00=2.04(kN)。

2. 钢丝绳的容许拉力，可按下式计算：

$[F_g]=\alpha F_g/K$

其中：$[F_g]$——钢丝绳的容许拉力；

F_g——钢丝绳的钢丝破断拉力总和，取Fg=180.00 kN；

α——考虑钢丝绳之间荷载不均匀系数，$\alpha=0.85$；

K——钢丝绳使用安全系数，取 $K=5.50$。

经计算得 $[F_g]=180.00\times0.85/5.50=27.82$（kN）。

3.钢丝绳在承受拉伸和弯曲时的复合应力，按下式计算:

$\sigma=F/A+d_0E_0/D$

其中：σ——钢丝绳承受拉伸和弯曲的复合应力；

F——钢丝绳承受的综合计算荷载，取 $F=15.50$ kN；

A——钢丝绳钢丝截面面积总和，取 $A=245.00\ mm^2$；

d_0——单根钢丝的直径(mm)，取 $d_0=1.00$ mm；

D——滑轮或卷筒槽底的直径，取 $D=343.00$ mm；

E_0——钢丝绳的弹性模量，取 $E_0=20000.00\ N/mm^2$。

经计算得 $\sigma=15500.00/245.00+1.00\times20000.00/343.00=121.57(N/mm^2)$。

4.钢丝绳的冲击荷载，可按下式计算:

$F_S=Q[1+(1+2EAh/QL)^{1/2}]$

其中：F_S——冲击荷载；

Q——静荷载，取 $Q=55.00$ kN；

E——钢丝绳的弹性模量，取 $E=20000.00\ N/mm^2$；

A——钢丝绳截面面积，取 $A=111.53\ mm^2$；

h——钢丝绳落下高度，取 $h=21500.00$ mm；

L——钢丝绳的悬挂长度，取 $L=5000.00$ mm。

经计算得 $F_S=55000.00\times[1+(1+2\times20000.00\times111.53\times21500.00/55000.00/5000.00)^{1/2}]$ $=1083639.30(N)\approx1084(kN)$。

八、施工安全与环境保护

1.施工安全

（1）严格执行国家、行业和企业的安全生产法规和规章制度，认真落实各级各类人员的安全生产责任制。

（2）施工前对预制构件吊装的作业人员及相关人员进行安全培训，成立安全责任机构，明确预制构件进场、卸车、存放、吊装、就位各环节的作业风险，并制订防止危险情况的处理措施。

（3）预制构件进场卸车时，应对车轮采取固定措施，并按照装卸顺序进行卸车，确保车辆平衡，避免由于卸车顺序不合理导致车辆倾覆。

(4)预制构件卸车后，应按照次序进行存放。存放架应设置临时固定措施，避免存放架失稳造成构件倾覆。

(5)每天应对预制构件吊装作业用的工具、吊具、锁具、钢丝绳等进行检查，发现风险应立即停止使用。

(6)安装作业开始前，应对安装作业区进行围护并树立明显的标志，拉警戒线，并派专人看管，严禁与安装作业无关的人员进入。

(7)预制构件起吊后，应先将预制构件提升300 mm左右后，停稳构件，检查钢丝绳、吊具和预制构件状态，确认吊具安全且构件平稳后，方可缓慢提升构件。

(8)吊装区域内，非操作人员严禁进入。吊运预制构件时，构件下方严禁站人。

(9)高空应通过揽风绳改变预制构件方向，严禁高空直接用手扶预制构件。

(10)遇到雨、雪、雾天气，或者风力大于6级时，不得进行吊装作业。

2.环境保护

(1)预制构件标志系统应采用绿色水性环保涂料或塑料贴膜等可清除材料。

(2)预制构件运输过程中应采用减少扬尘措施。

(3)预制构件进入现场应分类存放整齐，在醒目位置设置标志牌，不得占用临时道路，做好成品保护和安全防护。

(4)在预制构件安装施工期间，应严格控制噪声和遵守现行国家标准《建筑施工场界环境噪声排放标准》(GB 12523—2011)中的规定。

(5)预制构件安装过程中废弃物等应进行分类回收。

参考文献

[1]王燕萍,张慧坤.走进装配式建筑[M].杭州:浙江工商大学出版社,2020.

[2]中建科技有限公司.装配式混凝土施工技术[M].北京:中国建筑工业出版社,2017.

[3]范幸义,张勇一.装配式建筑[M].重庆:重庆大学出版社,2017.

[4]王昂,张辉,刘智绪.装配式建筑概论[M].武汉:华中科技大学出版社,2021.

[5]李宏图.装配式建筑施工技术[M].郑州:黄河水利出版社,2022.